建筑职业技能培训教材

钢 筋 工

（技　师）

建设部人事教育司组织编写

中国建筑工业出版社

图书在版编目（CIP）数据

钢筋工（技师）/建设部人事教育司组织编写．—北京：
中国建筑工业出版社，2005
（建筑职业技能培训教材）
ISBN 7-112-07650-1

Ⅰ．钢… Ⅱ．建… Ⅲ．建筑工程-钢筋-工程施工-技术培训-教材　Ⅳ．TU755.3

中国版本图书馆 CIP 数据核字（2005）第 106691 号

建筑职业技能培训教材
钢　筋　工
（技　师）
建设部人事教育司组织编写
*
中国建筑工业出版社出版、发行（北京西郊百万庄）
新　华　书　店　经　销
霸州市振兴排版公司制版
北京市兴顺印刷厂印刷
*

开本：850×1168 毫米　1/32　印张：8⅛　字数：217 千字
2005 年 11 月第一版　2006 年 6 月第三次印刷
印数：6,501—11,500 册　　定价：16.00 元
ISBN 7-112-07650-1
(13604)

版权所有　翻印必究
如有印装质量问题，可寄本社退换
（邮政编码　100037）

本社网址：http://www.cabp.com.cn
网上书店：http://www.china-building.com.cn

本书为建筑职业技能培训教材。主要内容包括：建筑识图与房屋构造的基本知识、建筑力学、建筑结构、钢筋工程、钢筋的绑扎与安装、建筑工程施工组织、质量管理、安全管理、施工预算基础知识、施工方案等。

本教材可作为钢筋工技师考试用培训教材，也适用于上岗培训以及读者自学参考。

*　*　*

责任编辑：朱首明　张　晶

责任设计：董建平

责任校对：刘　梅　王金珠

建设职业技能培训教材编审委员会

顾　　　问：李秉仁
主 任 委 员：张其光
副主任委员：陈　付　　翟志刚　　王希强
委　　　员：何志方　　崔　勇　　沈肖励　　艾伟杰　　李福慎
　　　　　　杨露江　　阚咏梅　　徐　进　　于周军　　徐峰山
　　　　　　李　波　　郭中林　　李小燕　　赵　研　　张晓艳
　　　　　　王其贵　　吕　洁　　任予锋　　王守明　　吕　玲
　　　　　　周长强　　于　权　　任俊和　　李敦仪　　龙　跃
　　　　　　曾　葵　　袁小林　　范学清　　郭　瑞　　杨桂兰
　　　　　　董海亮　　林新红　　张　伦　　姜　超

出版说明

为贯彻落实《中共中央、国务院关于进一步加强人才工作的决定》精神，加快培养建设行业高技能人才，提高我国建筑施工技术水平和工程质量，我司在总结各地职业技能培训与鉴定工作经验的基础上，根据建设部颁发的木工等16个工种技师和6个工种高级技师的《职业技能标准、职业技能鉴定规范和职业技能鉴定试题库》组织编写了这套建筑职业技能培训教材。

本套教材包括《木工》（技师　高级技师）、《砌筑工》（技师　高级技师）、《抹灰工》（技师）、《钢筋工》（技师）、《架子工》（技师）、《防水工》（技师）、《通风工》（技师）、《工程电气设备安装调试工》（技师　高级技师）、《工程安装钳工》（技师）、《电焊工》（技师　高级技师）、《管道工》（技师　高级技师）、《安装起重工》（技师）、《工程机械修理工》（技师　高级技师）、《挖掘机驾驶员》（技师）、《推土铲运机驾驶员》（技师）、《塔式起重机驾驶员》（技师）共16册，并附有相应的培训计划和大纲与之配套。

本套教材的组织编写本着优化整体结构、精选核心内容、体现时代特征的原则，内容和体系力求反映建筑业的技术和发展水平，注重科学性、实用性、人文性，符合相应工种职业技能标准和职业技能鉴定规范的要求，符合现行规范、标准、新工艺和新技术的推广要求，是技术工人钻研业务、提高技能水平的实用读本，是培养建筑业高技能人才的必备教材。

本套教材既可作为建设职业技能岗位培训的教学用书，也可供高、中等职业院校实践教学使用。在使用过程中如有问题和建议，请及时函告我们。

建设部人事教育司
2005年9月7日

前 言

  本书根据建设部颁布的钢筋工（技师）"职业技能标准"和"职业技能鉴定规范"以及"土木建筑职业技能培训大纲"而编写。

  本教材还依据《建筑工程施工质量验收统一标准》（GB 50300—2001）和《混凝土结构工程施工质量验收规范》（GB 50204—2002）及其他有关国家现行的规范、标准和规程进行编写。其内容主要包括建筑基础理论知识、钢筋工程、钢筋的绑扎与安装、操作工艺与要点、施工方案、质量管理、安全管理以及施工预算基础等几个方面。

  本书根据建设行业的特点，具有很强的科学性、规范性、针对性、实用性和先进性。内容通俗易懂，适合建筑行业工人自学及职工技能鉴定和考核的培训。

  本教材由中国建筑一局集团培训中心李波、李小燕编写，全书由李波统稿主编，四川建筑职业技术学院郭中林副教授主审。

  教材编写时还参考了已出版的多种相关培训教材，对这些教材的编作者，一并表示谢意。

  在本书的编写过程中，虽经推敲核证，但限于编者的专业水平和实践经验，仍难免有不妥甚至疏漏之处，恳请各位同行提出宝贵意见，在此表示感谢。

目 录

一、建筑识图与房屋构造的基本知识 …………………………… 1
　（一）建筑工程施工图的基本知识 …………………………… 1
　（二）房屋建筑制图统一标准 ………………………………… 11
　（三）结构施工图的识读和审核 ……………………………… 24
　（四）房屋构造基础知识 ……………………………………… 29
二、建筑力学 ……………………………………………………… 33
　（一）结构与构件 ……………………………………………… 33
　（二）力和力矩　合力矩定理 ………………………………… 33
　（三）荷载的分类 ……………………………………………… 37
　（四）约束和约束反力 ………………………………………… 38
　（五）结构计算简图 …………………………………………… 40
　（六）物体受力分析 …………………………………………… 42
　（七）结构平衡计算 …………………………………………… 43
　（八）强度、刚度和稳定性 …………………………………… 49
　（九）结构内力计算 …………………………………………… 50
三、建筑结构 ……………………………………………………… 58
　（一）建筑结构主要形式 ……………………………………… 58
　（二）钢筋混凝土结构工程 …………………………………… 62
　（三）预应力钢筋混凝土结构工程 …………………………… 87
四、钢筋工程 ……………………………………………………… 89
　（一）钢筋的主要技术性能 …………………………………… 89
　（二）钢的化学成分及其对钢性能的影响 …………………… 98
　（三）钢筋的分类 ……………………………………………… 100
　（四）钢筋的验收与存放 ……………………………………… 102

（五）钢筋的加工 …………………………………… 104
　　（六）钢筋的连接 …………………………………… 134
　　（七）钢筋配料 ……………………………………… 143
　　（八）钢筋代换 ……………………………………… 150
五、钢筋的绑扎与安装 …………………………………… 155
　　（一）钢筋现场绑扎的准备工作 …………………… 155
　　（二）基础钢筋绑扎施工工艺 ……………………… 155
　　（三）现浇框架结构钢筋绑扎施工工艺 …………… 158
　　（四）剪力墙钢筋绑扎施工工艺 …………………… 165
　　（五）钢筋网与钢筋骨架安装 ……………………… 171
六、建筑工程施工组织 …………………………………… 175
　　（一）施工现场管理 ………………………………… 175
　　（二）流水施工原理 ………………………………… 180
七、质量管理 ……………………………………………… 192
　　（一）质量管理 ……………………………………… 192
　　（二）建筑工程质量验收统一标准 ………………… 197
　　（三）混凝土结构工程施工质量验收规范 ………… 199
八、安全管理 ……………………………………………… 215
　　（一）施工项目安全管理原则 ……………………… 215
　　（二）钢筋工程安全操作规程 ……………………… 217
　　（三）安全检查与文明施工 ………………………… 221
九、施工预算基础知识 …………………………………… 237
　　（一）定额 …………………………………………… 237
　　（二）钢筋工程成本核算的依据 …………………… 239
　　（三）钢筋工程成本计算方法 ……………………… 240
十、施工方案 ……………………………………………… 245
　　（一）施工方案编制的作用和基本原则 …………… 245
　　（二）施工方案编制的内容和要求 ………………… 247
　　（三）施工方案的审核 ……………………………… 249
参考文献 …………………………………………………… 250

一、建筑识图与房屋构造的基本知识

(一) 建筑工程施工图的基本知识

建筑工程施工图是用投影的方法来表达建筑物的外形轮廓和大小尺寸,按照国家工程建设标准有关规定绘制的图样。它能准确表达出房屋的建筑、结构和设备等设计的内容和技术要求,是现代工程建设生产活动中不可缺少的技术文件,也是借以表达和交流技术思想的重要工具。因此,工程图样被喻为"工程界的语言"。从事工程建设的施工技术人员的首要任务是要掌握这门"语言",具备看懂工程图纸的能力。

1. 施工图的分类

一套完整的施工图除了图样目录、设计总说明书外,还应包括建筑施工图(简称"建施图"),主要表示房屋的建筑设计内容;结构施工图(简称"结施图"),主要表示房屋的结构设计内容;设备施工图(简称"设施图"),包括给水排水、采暖通风、电气照明等各工种施工图三大类。各类专业图样又分为基本图和详图两部分。基本图样表明全局性的内容;详图表明某一构件或某一局部的详细尺寸和做法等。

2. 施工图的编排顺序

一套完整的施工图由各工种绘制完成后,要统一装订,一般是全局性的图样在前,局部性的图样在后,下面依次介绍各工种图样的主要内容:

(1) 图样目录 主要说明该工程由几个工种专业图样组成，它的名称、张数和图号。

(2) 总说明 主要说明工程的概况和总要求。内容包括设计依据、设计标准、施工要求等，一般门窗汇总表也列在总说明页中。

(3) 总平面图 简称"总施"，表明新建建筑物所在的地理位置和周围环境。

(4) 建筑施工图 简称"建施"，主要说明建筑物的总体布局、外部造型、内部布置、细部构造、装饰装修和施工要求等，其图纸主要包括总平面图、建筑平面图、建筑立面图、建筑剖面图、建筑详图等。

(5) 结构施工图 简称"结施"，主要说明建筑的结构设计内容，包括结构构造类型、结构的平面布置、构件的形状、大小、材料要求等，其图纸主要有结构平面布置图、构件详图等。

(6) 给水排水施工图 简称"水施"，主要表示管道布置和走向，构件做法和加工要求等。

(7) 采暖通风施工图 简称"暖道施工图"，主要表示管道布置及走向，构件的构造安装要求。

(8) 电气施工图 简称"电施"，主要表示照明及动力电气布置、走向和安装要求。

3. 投影和视图的基本知识

施工图是进行施工的主要依据。一项工程的图样有几张、几十张，甚至上百张，要做到按图施工，就首先要把图样读懂。而施工图是按照投影原理绘制的，是用几个投影图（也称作视图）来表示建筑物的真实形状、内部构造和具体尺寸的。因此，要读懂施工图就要掌握制图的原理，即投影原理。

(1) 投影

在自然界，光线照射到物体上，在墙上或地面上就会产生影子，这就是日常生活中的成影现象。随着光线的形式和方向的变化,人影子的形状和大小也在变化。如图1-1(a)所示,当灯光离桌面较近时,地上产生的影子比桌面还大,这就是中心投影,即光源是由一点发出的光线。如图1-1(b)所示,当光线从无限远处相互平行并与地面垂直时,这时影子的大小就和桌面一样,这就是平行投影。投影原理就是人们对自然界这一物理现象加以科学的、抽象的概括总结。建筑制图就是按照正投影(即假定投影线相互平行,且垂直于投影面)来表达的。

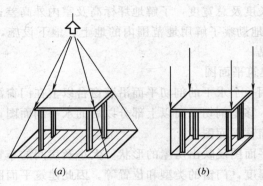

图1-1 投影示意图
(a) 中心投影;(b) 平行投影

(2) 视图

物体在投影面上的正投影图叫视图。一个物体都有前、后、左、右、上、下六个面,从物体前面看过去得到的投影图叫前视图(正视图);从顶上看下去得到的投影图叫顶视图(俯视图);从左边看过去得到的投影图叫左视图;同样的道理我们还可以得到后视图、右视图,而从底下往上看得到的投影图不叫底视图,而称为仰视图。土建工程制图中的平面图、立面图和剖面图就是具体运用视图的原理绘制的。

4. 建筑施工图的识读

(1) 总平面图

建筑总平面图反映新建、拟建工程的总体布局,表示原有的和新建房屋的位置、标高、道路、构筑物、地形地貌、当地风向和建筑物的朝向等情况。根据总平面图可以进行房屋定位，施工放线、土方施工和施工总平面布置。

阅读总平面图时，主要应注意以下几点：

1）了解新建建筑物所在的地形，周围环境，道路布置，水源、电源情况；

2）依照参考坐标确定建筑物的位置，按图样比例，确定建筑物的总长度及总宽度，了解地坪标高及室内外高差；

3）实地勘察了解用地范围内的地上、地下设施，有关障碍及处理意见。

（2）建筑平面图

假想用一个水平的剖切平面沿着窗台以上在门窗洞口处将房屋剖切开，移走剖切平面以上部分以后的水平剖面图，称为建筑平面图，简称平面图。

建筑平面图反映出房屋的形状、大小及房间的布置，墙、柱的位置和厚度，门窗的类型和位置等。因此建筑平面图是施工过程中施工放线、砌墙、安装门窗、预留空洞、室内装修及编制预算、施工备料等工作的重要依据，是施工图中最基本、最重要的图样之一。

阅读平面图，需了解的内容有：

1）看图名、比例和朝向；

2）从图中看出建筑物的形状、房间布置、名称、长、宽及相对位置；

3）看定位轴线及轴线间的尺寸；

4）了解各墙的厚度、与定位轴线的关系，以及构造柱的位置、类型等；

5）了解室内外门、窗洞口位置、代号及门的开启方向，以及门窗的规格尺寸、数量、洞口、过梁的型号等；

6）了解楼梯间的布置、楼梯段的踏步数和上下楼梯的走向；

7）了解室外的台阶、散水、雨水管及阳台等；

8）了解标注的尺寸，首先了解室内外地面、各层楼面的标高，以及高度有变化部位的标高，还要了解门窗洞口的定位尺寸和定形尺寸，房屋的开间和进深尺寸，以及房屋的总长、总宽尺寸；

9）了解首层平面图上标注的剖面图的剖切符号和编号，各详图的索引符号以及采用标准构件的编号及文字说明等；

10）了解水、暖、电、煤气等工种对土建工程要求的水池、地沟、配电箱、消火栓、预埋件、墙或楼板上预留洞在平面图上的位置和尺寸；

11）屋顶平面图表示的屋顶形状、挑檐、坡度、分水线、排水方向、落水口及突出屋面的电梯间、水箱间、烟囱、检查孔、屋顶变形缝、索引符号、文字说明等；

12）结合总说明了解施工要求、砖及砂浆的强度要求等。

（3）建筑立面图

建筑立面图主要表示房屋的外貌特征和立面处理要求。主要有正立面、背立面和侧立面。建筑立面图主要为室外装修所用。

阅读立面图应注意以下内容：

1）与平面图对照，了解房屋的外形、屋顶形式以及门、窗、阳台、台阶和檐口等的形状及位置等；

2）了解立面各部位的装修做法；

3）了解建筑物的总高和各层的标高及室内外高差。

（4）建筑剖面图

假想用一个或两个（必要时多个）剖切平面沿着房屋的横向或纵向，将房屋垂直剖切后所得到的平面图，称为建筑剖面图，如图 1-2 所示。剖切位置要选在室内复杂的部位，通过门、窗洞口及主要出入口处、楼梯间或高度有变化的部位。

建筑剖面图主要表示建筑物内部在高度方向的结构形式、高度尺寸、内部分层情况和各部位的联系，是与平面图、立面图配套的三大图样之一。

阅读建筑剖面图应注意以下内容：

1）明确剖面图的剖切位置、投影方向；

2）了解各部分（如梁、板与墙、柱）的相互关系、构造做法及结构形式等；

3）了解建筑物的总高、室内外地坪标高、各楼层标高、门窗及窗台高度等；

4）注意图中索引及文字说明，了解详细的位置、内容等，如图1-2所示。

（5）建筑详图

外墙详图是建筑剖面图中某一外墙的局部放大图（一般比例为1∶20），也可以是外墙某一部分的剖面图。这里以外墙详图

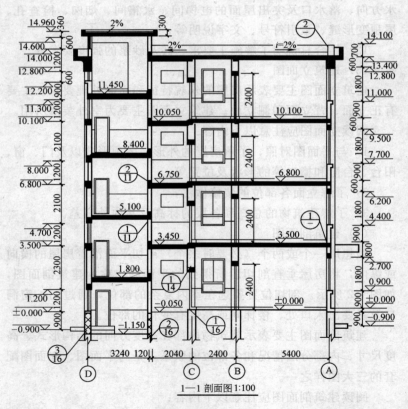

图1-2 建筑剖面图

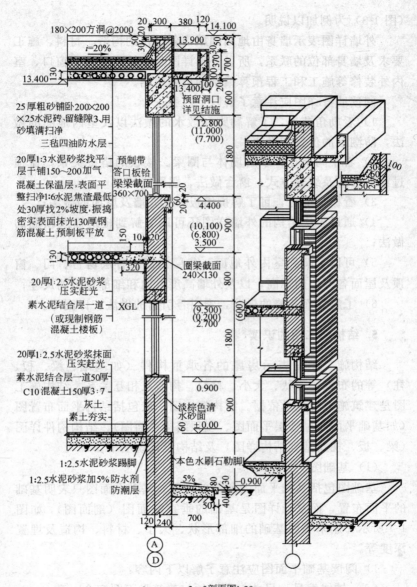

3—3剖面图1:20

图1-3 外墙身详图

(图 1-3) 为例加以说明。

外墙详图表示墙身由地面到屋顶各部位的构造、材料、施工要求及墙身部位的联系,所以外墙详图是砌墙、立门、窗口、室内外装修等施工和工程预算编制的重要依据。

阅读墙身详图应注意了解以下内容:

1) 看勒脚节点,了解勒脚和散水的做法以及室内地面的做法,防潮层的位置和做法;

2) 看中间节点,了解墙体与圈梁、楼板的搭接关系,窗顶过梁的形式及组合方式、窗台做法、踢脚线等;

3) 看檐口节点,可了解挑檐板、女儿墙及屋面的做法;

4) 通过多层结构的外墙详图还可以了解到楼地面及顶棚的做法;

5) 可以了解到室内外地面、各层楼面、各层窗台、门、窗顶及屋面各部位的标高,以及外墙高度方向和细部详尽的尺寸;

6) 了解立面装修的做法,索引号引出的做法、详图等。

5. 结构施工图的识读

结构施工图是表示房屋的各承重构件(如基础、梁、板、柱)等的布置、形状、大小、材料、构造及相互关系。结构施工图是建筑施工的技术依据。结构施工图一般包括结构平面布置图(如基础平面图、楼层平面图、屋顶结构平面图)、结构构件详图(梁、板、柱及基础结构详图)及结构设计说明书。

(1) 基础图

基础图包括基础平面图和基础详图。基础平面图只表明基础的平面布置,而基础详图是基础的垂直断面图(剖面图),如图1-4所示,用来表明基础的细部形状、大小、材料、构造及埋置深度等。

1) 阅读基础平面图应注意了解以下内容:

(A) 轴线编号、尺寸,它必须与建筑平面图完全一致。

(B) 了解基础轮廓线尺寸与轴线的关系。当为独立基础时,

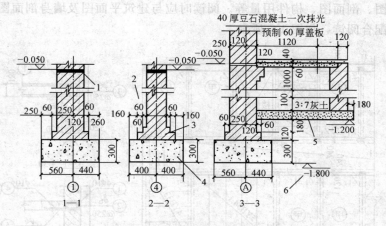

图 1-4 条形基础剖面图
1—防潮层；2—大放脚；3—大放脚；4—混凝土垫层；5—灰土；6—基础埋深标高

应注意基础和基础梁的编号。

(C) 了解预留沟槽、孔洞的位置及尺寸。有设备基础时，还应了解其位置、尺寸。

(D) 通过了解剖切线的位置。掌握基础变化的连续性。

2) 阅读基础详图时应注意了解的基本内容：

(A) 基础的具体尺寸（即断面尺寸）、构造做法和所用的材料；

(B) 基底标高、垫层的做法、防潮层的位置及做法；

(C) 预留沟槽、孔洞的标高、断面尺寸及位置等。

结构设计说明书应了解主要设计依据，如地基承载力、地震设防烈度、构造柱、圈梁的设计变化，材料的强度等级、预制构件统计表及施工要求等。

(2) 楼层结构平面布置图及剖面图

楼层结构的类型很多，一般常见的分为预制楼层、现浇楼层以及现浇和预制各占一部分的楼层。

1) 预制楼层结构平面布置图和剖面图

主要是为安装预制梁、板用。其内容一般包括结构平面布置图、剖面图、构件用量等。阅读时应与建筑平面图及墙身剖面图配合阅读，如图1-5所示。

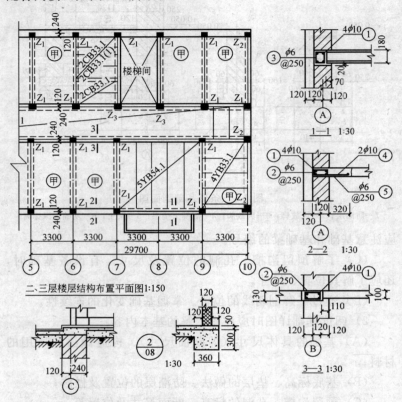

图1-5 预制楼层结构平面图和剖面图

预制楼层结构平面图主要表示楼层各种预制构件的名称、编号、相对位置、定位尺寸及其与墙体的关系等。如图1-5中虚线为不可见的构件墙或梁的轮廓线，此房屋为砖墙承重、钢筋混凝土梁板的混合结构，除楼梯间外，各房间的板均为预制空心板，从图中可知板的类型、尺寸及数量。所用楼板为三种，分别为YB54·1，YB33·1，CB33·1，数量如图所示，代号为甲的房间所用楼板为4YB33·1。二、三层楼板的结构标高为3.350m

10

和 6.650m。另外，给出的 1—1，2—2，3—3 剖面图表明了梁、板、墙、圈梁之间的关系。

2）现浇楼层结构平面布置图及剖面图

主要为现场支模板，浇注混凝土、制作梁板等用。其内容包括平面布置、剖面、钢筋表等。阅读图样时同样应与相应的建筑平面图及墙身剖面图配合阅读。

现浇楼层结构平面图里主要标注轴线号、轴线尺寸、梁的位置和编号、板的厚度和标高及配筋情况。如图 1-6 所示，现浇板的上皮标高为 3.72m，主筋为双向布置 $\phi 8@125$，构造分布筋如图 1-6 所示为 $\phi 8@200$。

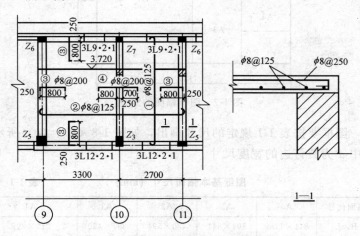

图 1-6 现浇楼层结构平面图

（二）房屋建筑制图统一标准

建筑工程图是表达建筑工程设计的重要技术资料，是建筑施工的依据。为统一工程图样的画法，便于交流技术和提高制图效率，国家颁布了《房屋建筑制图统一标准》（GB/T 50001—2001）。现将一些主要规定介绍如下：

1. 图幅、图框、标题栏及会签栏

(1) 图幅和图框

图幅是指工程制图所用图样的幅面大小尺寸,它应符合表 1-1 的规定及图 1-7 的格式。根据需要,图样幅面的长边可以按有关规定加长,而短边不得加宽。

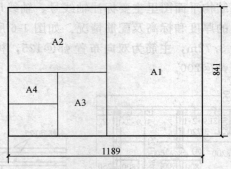

图 1-7 图样幅面的划分

图框要按表 1-1 规定的尺寸画出,如图 1-8 (a)、(b) 所示,其中 a 为装订边的宽度尺寸。

图纸基本幅面尺寸 (mm)　　　　表 1-1

幅面代号	A0	A1	A2	A3	A4
B×L	841×1189	594×841	420×594	297×420	210×297
a	25				
c	10			5	

(2) 标题栏

图纸标题栏(简称图标)是用来填写设计单位(设计人、绘图人、审批人)的签名和日期、工程名称、图名、图纸编号等内容的。标题栏必须放置在图框的右下角。横式使用的图纸、应按图 1-8 (a) 的形式布置。立式使用的图纸,应按图 1-8 (b) 的形式布置。

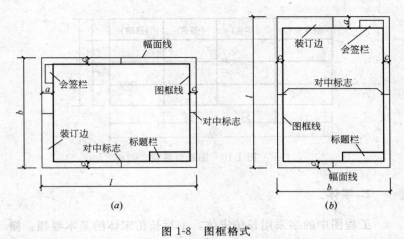

图 1-8 图框格式
(a) 横式；(b) 立式

图纸标题栏应按图 1-9 的格式分区绘制。

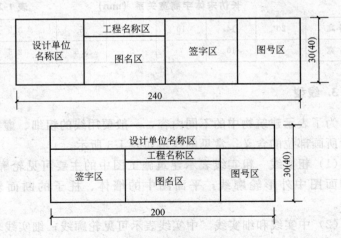

图 1-9 图纸标题栏

(3) 会签栏

会签栏又称图签，它是为各工种（如水暖、电气等）负责人签署专业、姓名、日期用的表格，如图 1-10 所示。

图 1-10 图纸会签栏

2. 字体

工程图中的字采用长仿宋体，书写长仿宋体的基本要领：横平竖直，起落有锋，布局均匀，填满方格。长仿宋体字高、宽尺寸（mm）如表 1-2 所示。

长仿宋体字高宽关系（mm）　　　　表 1-2

字高	20	14	10	7	5	3.5
字宽	14	10	7	5	3.5	2.5

3. 线型

为了表示建筑物中的不同内容，一般要用线的粗细、虚实来表示所画部位的含义。常见的线型如表 1-3 所示。

（1）粗实线　粗实线表示建筑施工图中的主要可见轮廓线，如剖面图中外形轮廓线，平面图中的墙体、柱子的断面轮廓线等。

（2）中实线和细实线　中实线表示可见轮廓线；细实线表示可见次要轮廓线、引出线、尺寸线和图例线等。

（3）虚线和折断线　虚线表示建筑物的不可见轮廓线、图例线等；折断线用细实线绘制，用于省略不必要的部分。

（4）点划线　点划线可以表示定位轴线，作为尺寸的界限，

常见的线型 表 1-3

名 称	线 型	线 宽
粗实线	——————	b
中实线	——————	0.5b
细实线	——————	0.35b
中虚线	- - - - - -	0.5b
粗虚线	- - - - - -	b
细点划线	— · — · — ·	0.35b
粗点划线	— · — · — ·	b
细双点划线	— ·· — ·· —	0.35b
折断线	—∿—	0.35b
波浪线	～～～	0.35b
特粗线	——————	1.4b

也可以表示中心线、对称线等。

（5）波浪线用细实线绘制，主要用于表示构件等局部构造的内部结构。

4. 比例

图样的比例，应为图形与实物相对应的线性尺寸之比。比例规定用阿拉伯数字表示，如 1∶20、1∶50、1∶100 等。

对于建筑工程图，多用缩小的比例绘制在图纸上，如用 1∶20 画出的图样，其线性尺寸是实物相对应线性尺寸的 1/20。比例的大小是指比值的大小，如 1∶50 大于 1∶100；无论图的比例大小如何，在图中都必须标注物体的实际尺寸。建筑工程图中常用的比例如表 1-4 所示。

建筑工程图中常用的比例 表 1-4

图 名	比 例
建筑物或构筑物的平面图、立面图、剖面图	1:50、1:100、1:200、1:500、1:1000
建筑物或构筑物的局部放大图	1:10、1:20、1:50
配件及构造详图	1:5、1:10、1:20、1:50

5. 尺寸标注

在建筑工程图中,图样仅表示物体的形状,而物体的真实大小则由图样上所标注的实际尺寸来确定。图样上标注的尺寸由尺寸界线、尺寸线、尺寸起止符号和尺寸数字组成,如图1-11。

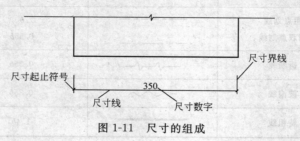

图 1-11 尺寸的组成

(1) 尺寸界线

尺寸界线应用细实线绘制,一般应与被注长度垂直,其一端应离开图样轮廓线不小于2mm,另一端宜超出尺寸线2~3mm。必要时,图样轮廓线、中心线及轴线都允许用作尺寸界线,如图1-12 (a)、(b) 所示。

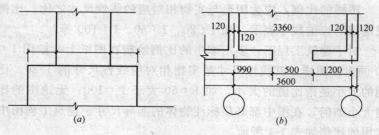

图 1-12 尺寸界线

(2) 尺寸线

尺寸线应用细实线绘制，并应与被标注的长度平行，且不宜超出尺寸界线，如图 1-11。

(3) 尺寸起止符号

尺寸线与尺寸界线的相交点是尺寸的起止点。在起止点处画出表示尺寸起止的中粗斜短线，称为尺寸的起止符号。中粗斜短线的倾斜方向应与尺寸界线成顺时针 45 度角，长度宜为 2～3mm，如图 1-11。

半径、直径、角度与弧长和尺寸起止符号宜用箭头表示。箭头的画法如图 1-13。

(4) 尺寸数字

在建筑工程图上，一律用阿拉伯数字标注工程形体实际尺寸，它与绘图所用的比例无关。

图样上的尺寸单位，除标高及总平面图以米为单位外，均必须以毫米为单位。因此，图样上的尺寸数字无需注写单位。

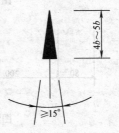

图 1-13 箭头尺寸起止符号

尺寸数字的读数方向，应按图 1-14 (a) 的规定注写。若尺寸数字在 30°斜线区内，宜按图 1-14 (b) 的形式注写。

尺寸数字应依据其读数方向注写在靠近尺寸线的上方中部，如没有足够的注写位置，最外边的尺寸数字可注写在尺寸界线的外侧，中间相邻的尺寸数字可错开注写，也可以引出注写，如图 1-15。

(5) 尺寸的排列与布置

尺寸宜标注在图样轮廓线以外，不宜与图线、文字及符号等相交。图线不得穿过尺寸数字，不可避免时，应将尺寸数字处的图线断开，如图 1-16 (a)、(b)。

互相平行的尺寸线，应从被标注的图样轮廓线由近向远整齐

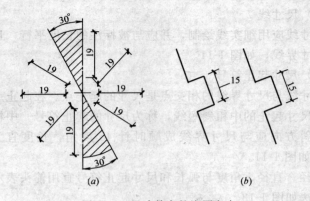

图 1-14 尺寸数字的注写方向

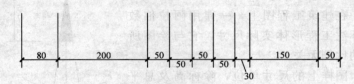

图 1-15 尺寸数字的注写位置

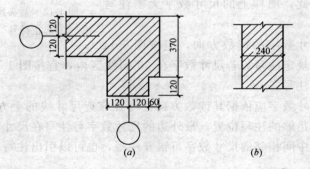

图 1-16 尺寸的标注
(a) 尺寸不宜与图线相交；(b) 尺寸数字处图线应断开

排列，小尺寸应离轮廓线较近，大尺寸应离轮廓线较远，如图 1-17。

图样轮廓线以外的尺寸线，距图样最外轮廓线之间的距离，

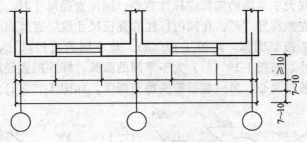

图 1-17　尺寸的排列

不宜小于 10mm。平行排列的尺寸线的间距，宜为 7~10mm，并应保持一致，如图 1-17 所示。

总尺寸的尺寸界线，应靠近所指部位，中间分尺寸的尺寸界线可稍短，但其长度应相等，如图 1-17 所示。

(6) 半径、直径、球的尺寸标注

半圆或小于半圆的圆弧应标注半径。半径的尺寸线，应一端从圆心开始，另一端画箭头指至圆弧。半径数字前应加注半径符号"R"，如图 1-18（a）。较小圆弧的半径标注形式所示如图 1-18（b）所示。较大圆弧的半径标注形式如图 1-18（c）所示。

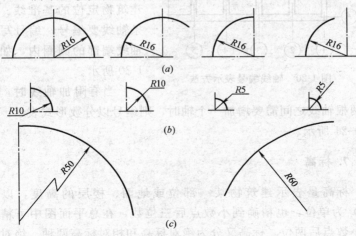

图 1-18　半径尺寸标注方法

圆或大于半圆的圆弧应标注直径。标注直径尺寸时，直径数字前，应加符号"ϕ"。在圆内标注的直径尺寸线应通过圆心，两端画箭头指至圆弧，如图1-19（a）。较小圆的直径尺寸，可标注在圆外，如图1-19（b）。大于半圆的圆弧，标注的直径尺寸线一端应通过圆心，另一端画箭头指至圆弧，如图1-19（c）所示。

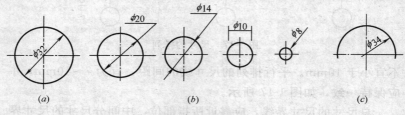

图1-19　直径尺寸标注方法

6. 定位轴线

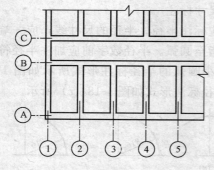

图1-20　轴线编号表示方法

轴线亦称定位轴线，它是表示建筑物的主体结构或墙体位置的线，也是建筑物定位的基准线。每条轴线要编号，编号写在轴线端部的圆圈内，如图1-20所示。

当有附加轴线时，即在两根轴线之间需要增加一个轴时，则编号以分数形式表示，如图1-21所示。

7. 标高

标高是表示建筑物某一部位或地面、楼层的高度，以米（m）为单位，也精确到小数点后三位数，在总平面图中可精确到小数点后两位。标高又分为绝对标高和相对标高两种。绝对标高是以平均海平面（我国以青岛黄海海平面为基准）作为大地水

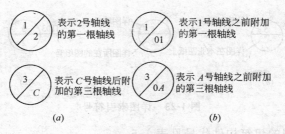

图 1-21 附加轴线编号表示方法

准面,将其高程作为零点,是地面地物与基准点的高度差。相对标高也称为建筑标高,是以所建房屋的首层室内地面的高度作为零点(±0.000),来计算该房屋与它的相对高差。零点以下在数字前加"-"号表示负标高,总平面图室外地坪标高宜用涂黑的三角形表示,标高的标注方法见图 1-22。

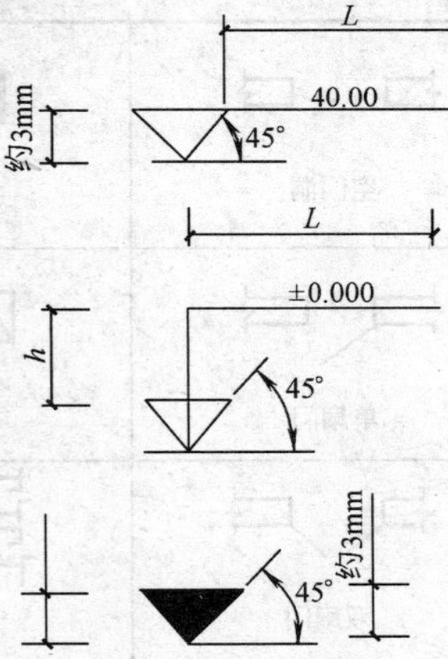

8. 索引符号和详图符号

图 1-22 标高标注方法

在平、立、剖面中某些局部或构件,需要另绘出详图时,应以索引符号索引。索引符号的圆及直径以细实线绘制,圆的直径为 10mm。索引符号按规定编写,索引出的详图的表示方法如图 1-23（a）、（b）、（c）、（d）、（e）所示。

9. 图例和构件代号

建筑工程制图过程中会有很多图例和符号,它是表示图样内容和含义的标志。材料图例是按照"国标"要求表示材料或构件图形,见表 1-5。构件代号是为书写简便用拉丁字母代替构件名

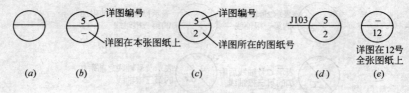

图 1-23 详图索引符号

称。常用的建筑构件代号见表 1-6。

建筑工程常用图例　　　　　表 1-5

空门洞	孔洞	自然土
单扇门	坑槽	素土夯实
双扇门	烟道	砂、灰土及粉刷材料
双向单扇弹簧门	中间层楼梯	普通砖
推拉门	封闭式电梯	空心砖
转门	洗手盆	混凝土

续表

窗	澡盆	钢筋混凝土
高窗	污水池　地漏	毛石砌体
地面检查口	消火栓	木材
顶棚检查口	配电盘	多孔材料

常用构件代号　　　　　　　表1-6

序号	名称	代号	序号	名称	代号
1	板	B	13	连系梁	LL
2	屋面板	WB	14	基础梁	JL
3	空心板	KB	15	楼梯梁	TL
4	槽形板	CB	16	檩条	LT
5	折板	ZB	17	屋架	WJ
6	墙板	QB	18	托架	TJ
7	天沟板	TGB	19	天窗架	CJ
8	梁	L	20	钢架	GJ
9	屋面梁	WL	21	密肋板	MB
10	吊车梁	DL	22	楼梯板	TB
11	圈梁	QL	23	盖板或沟盖板	GB
12	过梁	GL	24	檐口板	YB

23

续表

序号	名称	代号	序号	名称	代号
25	吊车安装走道板	DB	33	垂直支撑	CC
26	框架	KJ	34	水平支撑	SC
27	支架	ZJ	35	梯	T
28	柱	Z	36	雨罩(篷)	YP
29	基础	J	37	阳台	YT
30	设备基础	SJ	38	梁垫	LD
31	柱间支撑	ZC	39	埋件	M
32	桩	ZH			

10. 指北针和风向频率玫瑰图

指北针用来表示朝向，一般绘制在总平面图和建筑物的首层平面图内。其尖头所示为北面，如图 1-24（a）所示。风向频率玫瑰图是用来表示该地区每年风向频率，是根据风向次数百分值绘制的析线图，如图 1-24（b）所示。风玫瑰图中粗实线表示风向频率、虚线表示平均风速。

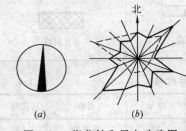

图 1-24 指北针和风玫瑰图
（a）指北针；(b) 风玫瑰

（三）结构施工图的识读和审核

钢筋工技师除了要读懂图纸，还要具备审核图纸的能力，通过学习图纸，能够发现问题，提出问题，对图纸作出修改、补充等意见。结构施工图的识读方法在前面中已经作了详细介绍。本节重点介绍施工图审核的程序和作用，以及钢筋图示方法及尺寸标注的阅读方法。

1. 施工图审核

用于工程的施工图，往往因为设计人员的疏漏，对工程要求理解不深刻，对施工规范和标准不熟悉，现场情况不了解等原因以及施工人员对图纸有疑问，对设计意图的理解有误，图纸的种类、数量不足等因素，必须对其进行统一审核，解决并消除图纸上的问题和疑问，使之符合工程实际，并且使施工人员能够充分理解设计意图避免施工中发生问题。

（1）施工图审核的作用

1）通过审核使施工人员充分学习图纸，增强对工程设计意图的理解；

2）通过审核图纸促使施工人员掌握规范标准；

3）通过审核图纸消除对图纸设计的疑问和误解，预防质量事故的发生，防患于未然；

4）为施工布置、构件加工、工程投标打下基础；

5）有利于增强与各责任方（如单位、勘察、监理、材料供应单位等）的联系与沟通；

6）明确各责任方的职能义务和责任。

（2）施工图审核的程序

1）组织有关工程技术人员（项目经理、技术负责人、预算员及钢筋工、砌筑工、模板工、混凝土工等）学习图纸；

2）组织内部预审。图纸学习完毕后由施工单位技术负责人组织内部预审，将图纸中的问题及对图纸的建议、要求、统一意见，形成图纸会审记录；

3）图纸会审。由业主、勘察、设计、监理、材料、设备供应单位的有关人员共同对设计图纸进行审核统一意见，解决有关问题，消除图纸上的疑问形成图纸会审记录；

4）会审记录。经有关负责人复审，对疑问和重大技术问题解决后，主要负责人签字，主要责任方盖章。

（3）施工图审核的主要内容

1) 设计计算的假定和采用的处理方法是否符合实际情况，施工时是否有足够的稳定性，对安全施工有无影响。

2) 设计是否符合施工条件，如需要采用特殊施工方法和特定技术措施时，技术上以及设备条件上有无困难。

3) 结合生产工艺和使用上的特点，对建筑安装施工有哪些技术要求，及施工能否满足设计规定的质量标准。

4) 有无特殊材料要求，材料品种、规格、数量能否满足。

5) 建筑、结构、设备、安装之间有无矛盾。图纸与承包项目及说明是否相符和齐全，规定是否明确。

6) 图面尺寸，坐标、标高有无错误。

7) 采用新工艺、新材料、新结构的工程。施工机具、设备能力、技术上有无困难，能否采取技术措施予以解决。

8) 有无需要改变设计的合理化建议。

如审核钢筋图纸时主要查对配筋图上的钢筋编号与明细表中的编号在品种规格、数量及形状上是否一致，有无遗漏，密集部位钢筋的相互关系，以及设计的钢筋在加工、运输和绑扎施工中是否可行。

2. 钢筋图示方法及尺寸标注

（1）图示方法

为了突出表示钢筋的配置情况，在构件结构图中，把钢筋画成粗实线，构件的外形轮廓线画成细实线，在构件的断面图中，钢筋的截面则画成粗圆点。另外还要标注钢筋的编号，同类型的钢筋可采用同一钢筋编号。编号的方法是在该钢筋上画一条引出线，在其另一端画一直径为 6mm 细线圆圈，在圆圈内写上钢筋的编号。然后在引出线的水平部分上标注钢筋的尺寸（图 1-25）。表 1-7 列出了钢筋的画法。

（2）尺寸标注

钢筋的直径、数量或相邻钢筋中心距一般采用引出线方式标注，其尺寸标注有下面两种形式：

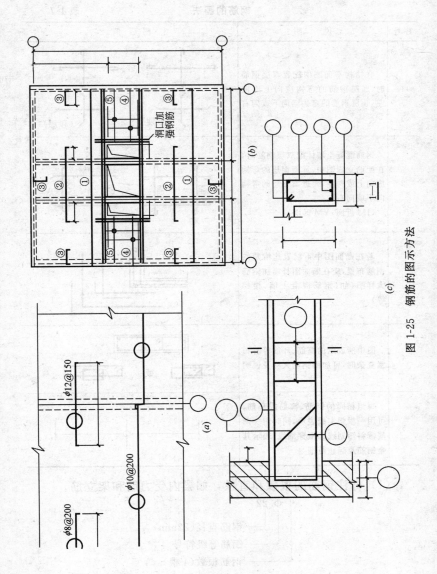

图 1-25 钢筋的图示方法

钢筋的画法   表 1-7

序号	说明	图例
1	在结构平面图中配置双层钢筋时,底层钢筋的弯钩应向上或向左,顶层钢筋的弯钩则向下或向右	(底层)　(顶层)
2	钢筋混凝土墙体配双层钢筋时,在配筋立面图中,远面钢筋的弯钩应向上或向左,而近面钢筋的弯钩向下或向右(JM 近面;YM 远面)	
3	若在断面图中不能表达清楚的钢筋布置,应在断面图外增加钢筋大样图(如:钢筋混凝土墙、楼梯等)	
4	图中所表示的箍筋、环筋等若布置复杂时,可加画钢筋大样及说明	或
5	每组相同的钢筋、箍筋或环筋,可用一根粗实线表示,同时用一两端带斜短划线的横穿细线,表示其余钢筋及起止范围	

(1) 标注钢筋的根数和直径,如梁内受力筋和架立筋。

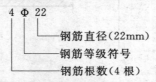

(2) 标注钢筋的直径和相邻钢筋中心距,如梁内箍筋和板内钢筋。

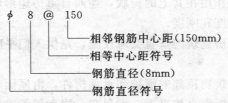

钢筋简图中的尺寸，受力筋的尺寸按外皮尺寸标注，箍筋的尺寸按内包尺寸标注，如图 1-26 所示。

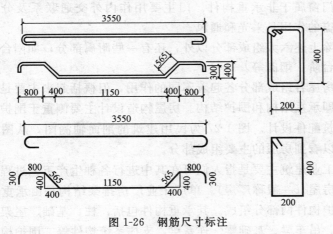

图 1-26 钢筋尺寸标注

（四）房屋构造基础知识

1. 房屋构造基本知识

建筑可分为民用建筑和工业建筑两大类。

一般民用建筑主要由基础、墙、柱、楼板、楼地面、楼梯、屋顶、门窗等部分组成。

基础位于墙、柱的下部，起支撑建筑物的作用。承受建筑物的全部荷载，并下传给地基。

承重墙和柱起承重作用，将上部结构传来的荷载及自重传递给基础。墙体同时还起围护和分隔作用。

楼板承受作用在其上的荷载，连同自重传递给墙或柱。楼板要有足够的强度和刚度。

楼梯是楼房建筑的垂直交通设施，是供人们平时上下和紧急疏散时使用。

屋顶是建筑物顶部的围护和承重构件，由屋面和屋面板两部分组成。屋面抵御自然界雨、雪侵袭，屋面板承受着房屋顶部的荷载。

门窗属于非承重构件。门主要用作内外交通联系及分隔房间；窗的作用是采光和通风。

除上述六大组成部分以外，还有一些附属部分，如阳台、雨罩、台阶、烟囱等。

房屋各组成部分各起着不同的作用，但概括起来主要是两大类，即承重结构和围护结构。房屋构造设计主要侧重于围护结构即建筑配件设计。图1-27为民用建筑的剖面轴测图，从图中我们可以看到房屋的主要组成部分。

工业建筑主要是指人们可在其中进行各种生产工艺过程的生产用房屋（一般称厂房）。单层工业厂房排架结构是由承重构件和围护构件两部分组成。其承重构件包括：柱、基础、屋架、屋面板、吊车梁、基础梁、连系梁、支撑系统构件等。围护构件包括：屋面、外墙、门窗、地面等。

2. 民用建筑有关专业名词

为了学好民用建筑的有关内容，了解其内在关系，必须了解下列有关的专业名词。

横向：指建筑物的宽度方向。

纵向：指建筑物的长度方向。

横向轴线：沿建筑物宽度方向设置的轴线。横向轴线用以确定墙体、柱、梁、基础的位置，其编号方法采用数字注写在轴线圆内。

纵向轴线：沿建筑物长度方向设置的轴线。纵向轴线用以确

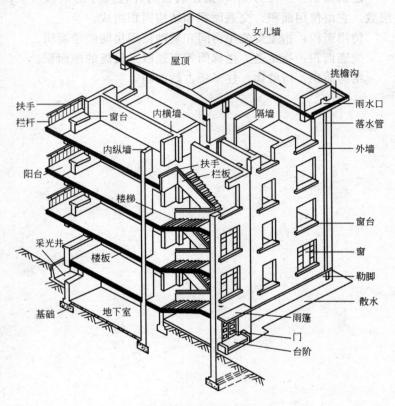

图 1-27 民用建筑的构造组成

定墙体、柱、梁、基础的位置,其编号方法采用汉语拼音字母注写在轴线圆内。但I、O、Z不用作轴线编号。

开间:两条横向定位轴线之间距。

进深:两条纵向定位轴线之间距。

层高:指层间高度。即地面与楼面或楼面与楼面之间的高度。

净高:指房间的净空高度。即地面至吊顶下皮的高度。它等于层高减去楼地面厚度、楼板厚度和吊顶棚高度。

总高度:指室外地坪至檐口顶部的总高度。

建筑面积：单位为 m^2，指建筑物的外包尺寸的乘积再乘以层数。它由使用面积、交通面积和结构面积组成。

使用面积：指主要使用房间和辅助使用房间的净面积。

交通面积：指走道、楼梯间等交通联系设施的净面积。

结构面积：指墙体、柱子所占的面积。

二、建 筑 力 学

建筑力学是研究和解决建筑物和构筑物在力的作用下产生的内力和变形，提出如何抵抗这些力对建筑物和构筑物作用的方法，以保证建筑物和构筑物的稳定性和安全使用。建筑力学根据研究领域的不同又划分为：理论力学、结构力学、材料力学及弹性力学。亦所谓"四大力学"。

（一）结构与构件

建筑结构构件是指房屋建筑中的受力构件，如基础、梁、板、柱、承重墙、屋架等，这些构件按照一定的组成方式构成的受力和传力结构系统，称为建筑结构（简称结构）。结构的各组成部分（如梁、柱、屋架等）称为结构构件（简称构件）。

（二）力和力矩　合力矩定理

1. 力的基本概念

（1）力的概念

在生产劳动和日常生活中，人类很早就有了对力的感性认识，在我们的建筑工地中，工人推车，人工挖土、运砖、抬钢筋等等都要用力，通过归纳、概括和科学的抽象形成了力的概念，即：力是物体间的相互机械作用。这里有两点值得注意：其一，产生力的根本原因是物体间的相互机械作用，力不能离开物体而产生；其二，物体之间可以有物理性质完全不同的作用，如热的、电磁的以及化学的作用等等,力仅指物体之间的机械作用,即能改变机械运动状态的作用。这种作用也使物体的形状发生变形(称内效应),这是材料力学研究的内容。

(2) 力的三要素

力对物体的作用效应,取决于力的大小、方向和作用点三个要素。改变其中任何一个因素,也就改变了力对物体的作用效果。在国际单位制中,力的单位是牛顿(N)。工程上以牛顿(N)或千牛顿(kN)为单位。

(3) 力的平衡

物体相对于地球处在静止不动或作匀速直线运动的状态称为平衡。高楼压在地球上,地球托住高楼;手托起铅球,铅球压在手上等等,这种状态在力学中称为力的平衡。

1) 二力平衡定律

受两个力作用的物体处于平衡状态的条件是:这两个力的大小相等、方向相反、作用线相同(简称为等值、反向、共线)。这个条件就是力的平衡条件,我们的建筑物就是在力的平衡条件下建造起来的。

2) 作用与反作用定律

两个物体间相互作用的力,总是大小相等、方向相反、沿同一直线,并分别作用在两个物体上。如图 2-1 所示为作用力和反作用力,图 2-2 所示为二力平衡,不能相互混淆;即:作用力和反作用力是分别作用在两个不同物体上的,而一对平衡力是作用在同一物体上的。

(4) 力的合成与分解

1) 力的合成

两个或两个以上的力用一个力来代替,称为力的合成。如图 2-3 所示,用两个方向相同、作用在同一直线上的两个力 F_1 和 F_2 来表示,使物体发生向前运动;这时也可以用另一个力 R 来代替,则 R 就是 F_1 和 F_2 的合力,而 F_1 和 F_2 称为分力。

如图 2-4 所示,作用于 A 点的两个力 F_1 和 F_2 也可以用合

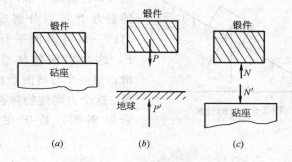

图 2-1 作用力和反作用力

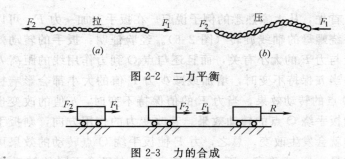

图 2-2 二力平衡

图 2-3 力的合成

力 R 来表示，R 为由 F_1 和 F_2 为邻边的平行四边形的对角线，则 F_1 和 F_2 也称为分力。这就是平行四边形定律。即：作用在物体同一点的两个力，可以合为该点的一个合力。它的大小和方向由这两个力的大小为邻边的平行四边形的对角线来表示。

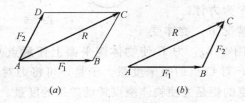

图 2-4 平行四边形法则

2) 力的分解

力可以合成，反过来也就可以分解。比如，有一个物体沿如

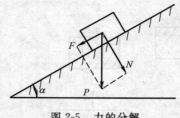

图 2-5 的斜面下滑,其中物体的重力 P 可以分解成两个分力:一是与斜面平行的分力 F,这个力使物体沿斜面下滑;另一个与斜面垂直的分力 N,这个力则使物体在下滑时紧贴斜面,是压在斜面上

图 2-5 力的分解

的力。

2. 力矩

首先,从大家熟悉的例子说起。在扳手上加一力 F,可以使扳手绕螺母的轴线旋转(图 2-6)。经验证明:扳手的转动效果不仅与力 F 的大小有关,而且还与点 O 到力作用线的距离 h 有关,当 h 保持不变时,增加或减少力 F 值的大小都会影响扳手绕 O 点的转动效果,当力 F 的值保持不变时,h 值的改变也会影响扳手绕 O 点的转动效果。若改变力的作用方向,则扳手的转向就会发生改变。总之,力 F 使扳手绕 O 点转动的效果可用代数量 $\pm Fh$ 来确定,正、负号表示扳手的两个不同的转动方向。确定力使物体绕点转动效果的这个代数量 $\pm Fh$,称为力对 O 点的矩。称 O 点为矩心,称 O 点到力 F 作用线的距离 h 为力臂。

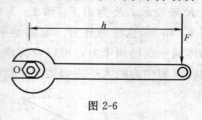

图 2-6

在一般情况下,物体受力 F 作用(图 2-7),力 F 使物体绕平面上任意点 O 的转动效果,可用力 F 对 O 点的矩来度量。于是,可将力对点的矩定义如下:力对点的矩是力使物体绕点转动效果的度量。它是一个代数量,其绝对值等于力的大小与力臂之积,其正负可作如下规定:力使物体绕矩心逆时针转动时取正号,反之取负号。

力 F 对 O 点的矩用符号 $M_O(F)$ 如式(2-1)所示:

$$M_o(F) = \pm Fh \quad (2\text{-}1)$$

3. 合力矩定理

合力对平面内任一点之矩，等于力系中各分力对同一点力矩的代数和，如式（2-2）所示，即：

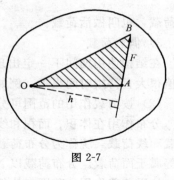

图 2-7

$$M_o(R) = M_o(F_1) + M_o(F_2)$$
$$+ \cdots\cdots + M_o(F_n)$$
$$= \sum M_o(F_i) \quad (2\text{-}2)$$

利用上式求某力力矩，当力臂不易求出时，可将该力分解为两个分力，分别求出分力的力矩，然后求其代数和，即可求出合力的力矩。

（三）荷载的分类

建筑结构在使用期间和在施工过程中要承受各种作用：施加在结构上的集中力或分布力（如人群、设备、风、雪、构件自重等）称为直接作用，也称荷载；引起结构外加变形或约束变形的原因（如温度变化、地基不均匀变形、地面运动等）称为间接作用。

（1）我国《建筑结构荷载规范》（GB 50009—2001）将结构上的荷载按其随时间的变异性和出现的可能性，可分为永久荷载、可变荷载和偶然荷载。

1）永久荷载

在结构上使用期间，不随时间变化，或其变化与平均值相比可以忽略不计的荷载。例如结构的自重、土压力等均属永久荷载，也叫做恒载。

2）可变荷载

在结构上使用期间，其值随时间变化，且其变化与平均值相比不可忽略的荷载。例如楼面活荷载、风荷载、雪荷载等均属可变荷载，也叫做活荷载。

3) 偶然荷载

在结构使用期间不一定出现的"作用"，但它一旦出现，其量值很大且持续时间很短。例如地震作用、爆炸力、撞击力等。

（2）按荷载作用的范围可分为分布荷载和集中荷载。

分布作用在体积、面积和线段上的荷载分别称为体荷载、面荷载和线荷载，统称为分布荷载。重力属于体荷载，风、雪的压力等属于面荷载。分布荷载以 N/mm^2 或 kN/m^2 为单位。

如果荷载作用的范围与构件的尺寸相比十分微小，这时可认为荷载集中作用于一点，并称之为集中荷载。当以刚体为研究对象时，作用在构件上的分布荷载可用其合力（集中荷载）来代替。例如，分布的重力荷载可用作用在重心上的集中合力代替。当以变形固体为研究对象时，作用在构件上的分布荷载则不能用集中合力来代替。集中荷载以 N 或 kN 为单位。

另外，连续分布在一定长度上的荷载，叫线荷载，它一般以 N/m 或 kN/m 为单位。

（四）约束和约束反力

物体可这样分为两类：一类是自由体，自由体可以自由位移，不受任何其它物体的限制。飞行的飞机是自由体，它可以任意的移动和旋转；一类是非自由体，非自由体不能自由位移，其某些位移受其它物体的限制不能发生。结构和结构的各构件是非自由体。限制非自由体位移的其它物体称作非自由体的约束。约束的功能是限制非自由体的某些位移。例如，桌子放在地面上，地面具有限制桌子向下位移的功能，桌子是非自由体，地面是桌子的约束。约束对非自由体的作用力称为约束反力。显然，约束反力的方向总是与它所限制的位移方向相反。地面限制桌子向下位移，地面作用给桌子的约束反力指向上。

工程中物体之间的约束形式是复杂多样的，为了便于理论分析和计算，只考虑其主要的约束功能，忽略其次要的约束功能，便可得到一些理想化的约束形式。

1. 铰支座

铰支座有固定铰支座和可动铰支座两种。将构件用铰链约束与地面相连接，这样的约束称为固定铰支座，其构造如图 2-8 (a) 所示。将构件用铰链约束连接在支座上，支座用滚轴支持在光滑面上，这样的约束称为可动铰支座，其构造如图 2-8 (b) 所示。这两种支座的简化图形分别如图 2-8 (c) 和 (d) 所示。

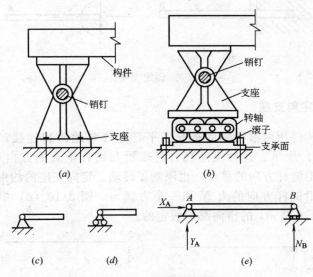

图 2-8 铰支座形式

固定铰支座的约束功能与铰链约束相同，所以，其约束反力也用两个垂直分力表示。滚动铰支座的约束功能与光滑面约束相同，所以，其约束反力也是沿光滑面法线方向且指向构件。

图 2-8 (e) 中的简支梁 AB 就是用这两种支座固定在地面上，支座的约束反力示于该图中，其中约束反力 X_A 和 Y_A 的指向是假定的。

2. 固定端约束（固定支座）

图 2-9（a）中，杆件 AB 的 A 端被牢固地固定，使杆件既不能发生移动也不能发生转动，这种约束称为固定端约束或固定支座。固定端约束的简化图形如图 2-9（b）所示。固定端的约束反力是两个垂直的分力 X_A 和 Y_A 和一个力偶 m_A，它们在图 2-9（b）中的指向是假定的。约束反力 X_A、Y_A 对应于约束限制移动的位移；约束反力偶 m_A 对应于约束限制转动的位移。

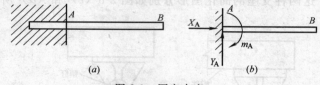

图 2-9　固定支座

3. 定向支座

将构件用两根相邻的等长、平行链杆与地面相连接，如图 2-10（a）所示。这种支座允许杆端沿与链杆垂直的方向移动，限制了沿链杆方向的移动，也限制了转动。定向支座的约束反力是一个沿链杆方向的力 N 和一个力偶 m。图 2-10（b）中反力 N_A 和反力偶 m_A 的指向都是假定的。

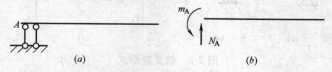

图 2-10　定向支座

（五）结构计算简图

1. 计算简图

实际结构是很复杂的，无法按照结构的真实情况进行力学计算。因此，进行力学分析时，必须选用一个能反映结构主要工作特性的简化模型来代替真实结构，这样的简化模型称作结构计算简图。结构计算简图略去了真实结构的许多次要因素，是真实结构的简化，便于分析和计算；结构计算简图保留了真实结构的主要特点，是真实结构的代表，能够给出满足精度要求的分析结果。

选择结构计算简图是重要而困难的工作。对常见的工程结构，已有经过实践检验了的成熟的计算简图。本节主要介绍结构计算简图中支座的简化、结点的简化等问题。

计算简图一般包括四个方面的简化：

(1) 支座的简化

按支座的实际构造和约束情况，将其简化为可动铰支座、固定铰支座或固定端支座等形式。

(2) 节点的简化

按节点的实际构造简化为铰节点或刚节点。

(3) 构件的简化

用构件的轴线代表实际构件，尺寸按轴线的长度标注。

(4) 荷载的简化

按荷载的实际分布和作用情况，将其简化为分布荷载或集中荷载。

2. 计算简图示例

图 2-11 (a) 所示的单层厂房结构是一个空间结构。厂房的横向是由柱子和屋架所组成的若干横向单元。沿厂房的纵向，由屋面板、吊车梁等构件将各横向单元联系起来。由于各横向单元沿厂房纵向有规律地排列，且风、雪等荷载沿纵向均匀分布，因此，可以通过纵向柱距的中线，取出图 2-11 (a) 中阴影线部分作为一个计算单元（图 2-11 (b)），将空间结构简化为平面结构来计算。

根据屋架和柱顶端结点的连接情况，进行结点简化；根据柱

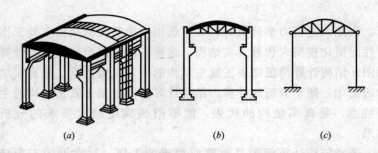

图 2-11 单层厂房结构计算简图

下端基础的构造情况,进行支座简化,便可得到单层厂房的结构计算简图,如图 2-11(c)所示。

(六)物体受力分析

在工程中常常将若干构件通过某种连接方式组成机构或结构,用以传递运动或承受荷载。这些机构或结构统称为物体系统。

进行力学计算,首先要对物体系统或其组成构件进行受力分析。

物体受力分析包括两个步骤。一是把所要研究的物体单独分离出来,画出其简图。这一步骤称作取研究对象或取分离体。二是在分离体图上画出研究对象所受的全部力,这些力包括荷载(即主动力)以及约束反力。这一步骤称作画受力图。

下面举例说明物体受力分析的方法。

【例 2-1】 画出图 2-12 所示简支梁的受力分析图。

【解】 (1)以简支梁 AB 为研究对象;
(2)画出作用在梁上的已知荷载 $q=2kN/m$,$P=10kN$;
(3)受力分析。

A 端是固定铰支座,其反力可用 X_A,Y_A 来表示,B 端是可动铰支座,其支座反力为垂直方向的 R_B。这些支座反力的指

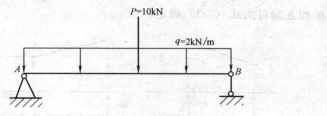

图 2-12 简支梁 AB

向与荷载有关。据此画出梁的受力图如图 2-13 所示。

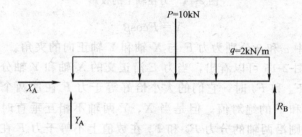

图 2-13 简支梁 AB 的受力分析图

（七）结构平衡计算

1. 力在轴上的投影　合力投影定理

（1）力在轴上的投影

力 F 在某轴 x 上的投影，等于力 F 的大小乘以力与该轴正向夹角 α 的余弦，记为 X，如式（2-3）所示，即：

$$X = F\cos\alpha \tag{2-3a}$$

力在轴上的投影是个代数量。当力矢量与轴的正向夹角 α 为锐角时，此代数值取正，反之为负。从图 2-14（a）、（b）中可以看出，过力矢量的起端 A 和终端 B 分别作轴的垂线，所得垂足 a 和 b 之间的线段长度就是力 F 在轴上投影的绝对值。当从垂足 a 到 b 的指向与轴的正向一致时，力的投影为正。反之力的投影为负。

如果已知力 F 在两个正交轴上的投影 X 和 Y，则该力的大小和方向可由式（2-3）确定：

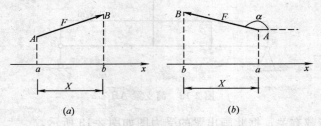

(a)   (b)

图 2-14　力在轴上的投影

$$Y = F\cos\beta \tag{2-3b}$$

式中 α 和 β 分别为力 F 与 X 轴和 Y 轴正向的夹角。

由图 2-15 可以看出，当力 F 沿正交的 X 轴和 Y 轴分解为两个分力 F_x 和 F_y 时，它们的大小恰好等于力 F 在这两个轴上的投影 X 和 Y 的绝对值。但是当 X、Y 两轴不相互垂直时（见图 2-16），则沿两轴的分力 F_x 和 F_y 在数值上不等于力 F 在此两轴上的投影 X 和 Y。此外还需注意，力 F 在轴上的投影是代数量，而力 F 沿轴方向的分量 F_x 和 F_y 是矢量。

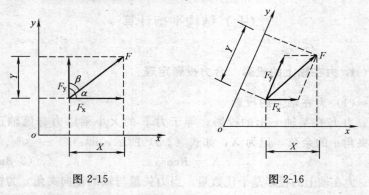

图 2-15　　　　　　　　图 2-16

（2）合力投影定理

合力投影定理建立了合力在轴上的投影与各分力在同一轴上的投影之间的关系。

图 2-17 表示平面汇交力系的各力 F_1、F_2、F_3、F_4 组成的力多边形，R 为合力。将力多边形中各力矢投影到 X 轴上，由图可知：$ae=ab+bc+cd-de$

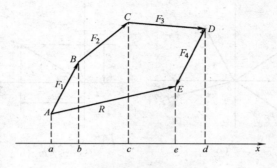

图 2-17 力多边形

按力在轴上投影的定义，上式左端项为合力 R 在 x 轴上的投影，右端项为力系中四个力在 x 轴上投影的代数和，即：

$$R_x = X_1 + X_2 + X_3 + X_4$$

显然，上式可推广到任意多个力的情况的合力由式 (2-4) 计算，即：

$$R_x = X_1 + X_1 + X_1 + \cdots\cdots + X_n = ZX_i \quad (2-4)$$

于是，得到合力投影定理如下：力系的合力在任一轴上的投影，等于力系中各力在同一轴上的投影的代数和。

2. 平面汇交力系合成的解析法

平面汇交力系合成的解析法，是应用力在直角坐标轴上的投影来计算合力的大小，确定合力的方向。

作用于 O 点的平面汇交力系由 F_1、F_2、$F_3\cdots\cdots F_n$ 等 n 个力组成，如图 2-18 (a) 所示。以汇交点 O 为原点建立直角坐标系 Oxy，按合力投影定理求合力在 x、y 轴上的投影（图 2-18 (b)）为：

$$R_x = \sum_{i=1}^{n} X_i \quad (2-5)$$

$$R_y = \sum_{i=1}^{n} Y_i \qquad (2\text{-}6)$$

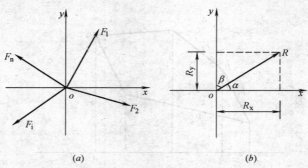

图 2-18 平面汇交力系

根据式（2-5）和（2-6）由式（2-7）和（2-8）可确定合力的大小和方向：

$$R = \sqrt{R_x^2 + R_y^2} = \sqrt{\left(\sum_{i=1}^{n} X_i\right)^2 + \left(\sum_{i=1}^{n} Y_i\right)^2} \qquad (2\text{-}7)$$

$$\cos\alpha = \frac{R_x}{R}, \quad \cos\beta = \frac{R_y}{R} \qquad (2\text{-}8)$$

式中 α 和 β 分别为合力 R 与 x 轴和 y 轴的正向夹角。

用上述公式计算合力大小和方向的方法，称为平面汇交力系合成的解析法。

【例 2-2】 在图 2-19 所示的平面汇交力系中，各力的大小分别为 $F_1 = 30\text{N}$，$F_2 = 100\text{N}$，$F_3 = 20\text{N}$，方向给定如图，O 点为力系的汇交点。求该力系的合力。

【解】 取力系汇交点 O 为坐标原点，建立坐标轴如图。合力在各轴上的投影分别为：

$$R_x = F_1\cos30° - F_2\cos60° + F_3\cos45°$$
$$= -9.87\text{N}$$

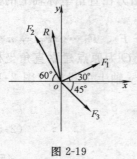

图 2-19

$$R_y = F_1\sin30° - F_2\sin60° + F_3\sin45°$$
$$= 87.46\text{N}$$

然后按式（2-7）、（2-8）求合理的大小和方向：
$$R = \sqrt{R_x^2 + R_y^2} = 88.02\text{N}$$
$$\cos\alpha = \frac{R_x}{R} = -0.112, \cos\beta = \frac{R_y}{R} = 0.994$$

得 $\alpha = 96.5°$, $\beta = 6.5°$。合力作用于 o 点，合力作用线位于选定坐标系的第二象限。

3. 平面任意力系的平衡条件

力系中各力的作用线都在同一平面内，且任意地分布，这样的力系称为平面任意力系。在工程实际中经常遇到平面任意力系的问题。例如图 2-20 所示的简支梁受有外荷载及支座反力的作用，这个力系是平面任意力系。

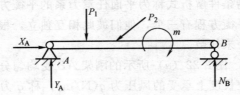

图 2-20

有些结构所受的力系本不是平面任意力系，但可以简化为平面任意力系来处理。例如图 2-21 所示的屋架，可以忽略它与其它屋架之间的联系，单独分离出来，视为平面结构

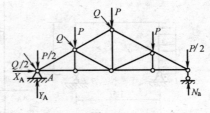

图 2-21

来考虑。屋架上的荷载及支座反力作用在屋架自身平面内，组成一平面任意力系。

当物体所受的力对称于某一平面时，也可以简化为平面任意力系来处理。事实上,工程中的多数问题都简化为平面任意力系问题来解决。所以,本章的内容在工程实践中有重要的意义。

平面任意力系平衡的必要与充分条件如式(2-9)、式(2-10)和式(2-11),即是:

$$\sum_{i=1}^{n} X_i = 0 \qquad (2-9)$$

$$\sum_{i=1}^{n} Y_i = 0 \qquad (2-10)$$

$$\sum_{i=1}^{n} m_0(F_i) = 0 \qquad (2-11)$$

由此得出结论:平面任意力系平衡的必要与充分条件可表达为:力系中所有力在两个任选的坐标轴中每一轴上的投影的代数和分别等于零,以及各力对任意一点的矩的代数和等于零。

上述平衡条件解析式称为平面任意力系的平衡方程。故平面任意力系的平衡方程有三个,他们彼此相互独立,根据这些条件可以求出三个未知数。

【例 2-3】 图 2-22(a)所示的刚架 AB 受均匀分布的风荷载的作用,单位长度上承受的风压为 $q(N/m)$,称 q 为均布荷载集度。给定 q 和刚架尺寸,求支座 A 和 B 的约束反力。

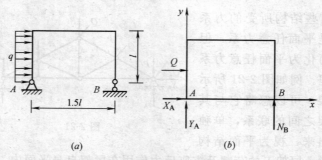

图 2-22 受力支架风荷载作用

【解】 (1) 取分离体,作受力图。

取刚架 AB 为分离体。它所受的分布荷载用其合力 Q 来代替,合力 Q 的大小等于荷载集度 q 与荷载作用长度之积。

$$Q=ql$$

合力 Q 作用在均布荷载作用线的中点,如图 2-22 (b) 所示。

(2) 列平衡方程,求解未知力。

刚架受平面任意力系的作用,三个支座反力是未知量,可由平衡方程求出。取坐标轴如图 2-22 (b) 所示。列平衡方程:

$$\sum X=0, \qquad Q+X_A=0 \qquad\qquad (a)$$
$$\sum Y=0, \qquad N_B+Y_A=0 \qquad\qquad (b)$$
$$\sum m_A(F)=0, \qquad 1.5l\,N_B-0.5lQ=0 \qquad (c)$$

由 (a) 式解得:

$$X_A=-Q=-ql$$

由 (c) 式解得:

$$N_B=ql/3$$

将 N_B 代入 (b) 式解得:

$$Y_A=-N_B=-ql/3$$

负号说明约束反力 Y_A 的实际方向与图中假设的方向相反。

(八) 强度、刚度和稳定性

日常使用过程中的建筑物或构筑物都是处在稳定与平衡状态,通过分析、归纳,我们得出,凡是处在稳定与平衡状态的结构必须同时满足以下三个方面的要求:

(1) 结构构件在荷载的作用下不会发生破坏,这就是要求构件具有足够的强度。

(2) 结构构件在荷载作用下所产生的变形应在工程允许的范围以内,这就是要求结构构件必须具有足够的刚度。例如钢筋混凝土楼板或梁在荷载作用下,下面的抹灰层开裂、脱落等现象出现时,表明临时梁的变形太大,即梁用以支撑荷载的强度够而刚度不够。如果梁的强度不够,就会发生断裂破坏,因此说结构构件的强度和刚度是相互联系又必不可少的要素。

(3) 结构构件在荷载的作用下，应能保持其原有形状下的平衡，即稳定的平衡，这就是结构构件必须具有足够的稳定性。例如，房屋中承重的柱子如果过于细长，就可能由原来的直线形状变成弯曲形状，由柱子失稳而导致整个房屋的倒塌。又例如，我们建筑工程中最常见的梁，如图 2-23 所示，如果梁的支座均为如图所示的滚动支座，只要加一个水平力的作用，梁就会失去平衡，因此说此时梁是不稳定的，但是处在平衡状态。如果把其中的一个滚动支座变为铰支座，就可以使梁稳定了，如图 2-24 所示。

图 2-23　　　　　　　　　图 2-24

（九）结构内力计算

1. 杆件的受力形式及基本变形

由于作用在构件上的外力的形式不同，使构件产生的变形也各不相同，有以下四种基本变形形式。

(1) 轴向拉伸或压缩

在一对方向相反、作用线与构件的轴心基本重合的外力作用下，构件的主要变形是长度的改变（伸长或缩短）。这种变形形式称为轴向受拉或轴向受压。工程中常见拉伸与压缩的实例，如图 2-25 (a) 所示的砖柱是受到压力而产生压缩变形的，而图 2-25 (b) 所示钢筋砖过梁中的钢筋是受拉力而产生拉伸变形的。

(2) 剪切

在一对相距很近的大小相等、方向相反的横向外力作用下，

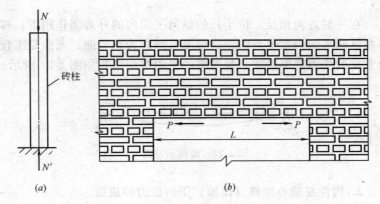

图 2-25 轴向拉伸与压缩示意图
(a) 压缩示意；(b) 拉伸示意

构件的主要变形是横截面沿外力作用方向发生错动。这种变形形式称为剪切。挡土墙因受到土的侧压力，在其底部就会产生一个水平的剪力，因此而发生的变形即为剪切。

(3) 扭转

在一对方向相反、位于垂直物件的两个平行平面内的外力偶作用下，构件的任意两截面将绕轴线发生相对转动，而轴线仍维持直线，这种变形形式称为扭转。工程中最常见的为雨篷梁，它的两端伸入墙内被卡住，而雨篷部分要向下倒，这样梁就受到扭转作用，如图 2-26 所示。

(4) 弯曲

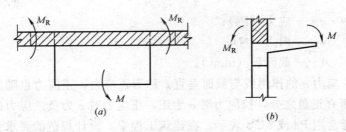

图 2-26 扭转示意图
(a) 平面；(b) 侧剖面

在一对方向相反、位于杆的纵向平面内的外力偶作用下，杆将在纵向平面内发生弯曲，这种变形形式为纯弯曲。弯曲是工程中常见的受力变形形式，最简单的受力弯曲形式如图 2-27 所示。

图 2-27　弯曲示意图

2. 构件在轴心拉伸（压缩）下的应力和应变

（1）内力

两端受有外力的结构构件，当外力的大小达到某一极限 P_b 时，结构构件就会发生断裂。当外力未达到 P_b 时，结构构件被拉长而不断开，即证明构件材料内部各质点间的相互作用力在不断地改变，这种由外力作用所引起的内力的改变量就是内力。

（2）应力

单位面积上的内力的大小称为应力。如果用两根材料相同而截面大小不同的杆件去承受同样大小外力的作用，发现截面小的先破坏。这就证明截面小的杆件单位面积上所受的内力比截面大的杆件所受的内力要大。因此，衡量杆件受力的大小要以单位面积上的内力的大小为标准，可用以下公式（2-12）来表示：

$$\sigma = N/A \tag{2-12}$$

式中　σ——应力（Pa）；

N——内力（N）；

A——截面积（mm²）。

应力 σ 的作用线与截面垂直，称为正应力，正应力也随内力 N 而有正负之分，拉应力时 σ 为正，压应力时 σ 为负。应力的单位通常用 Pa 或 MPa 表示。在建筑工程中，设计规范的要求：凡是构件受外力后计算出来的应力均小于构件所用材料的允许应力。

（3）应变

以轴心受拉或受压的杆件为例，由实验得知，轴向受压杆的变形主要是纵向缩短，轴向受拉杆的变形主要是纵向伸长，伸长和缩短的值用 Δl 来表示叫做变形。

如图 2-28 所示，在拉伸时 $\Delta l = l_1 - l_0 > 0$ 为正，在压缩时 $\Delta l = l_1 - l_0 < 0$ 为负，但 Δl 反映的是杆的总变形量，而无法说明杆的变形程度。因此，要衡量杆件变形程度的大小，应以单位长度内发生的变形来表示，称它为应变（ε）。应变的大小可用式（2-13）来表示：

$$\varepsilon = \Delta l / l \qquad (2-13)$$

当杆件受拉时 ε 为正值；受压时 ε 为负值。

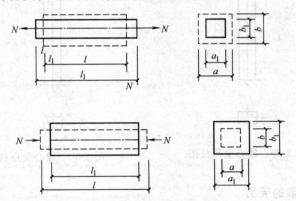

图 2-28　拉伸与压缩变形示意图

3. 柱的受力

在建筑工程中的各类柱子包括砖柱、钢柱、和钢筋混凝土柱等都是起支撑作用，因此都是承受压力的，压力又分为轴心受压和偏心受压两种，下面介绍其应力的计算情况及稳定问题。

（1）轴心受压

当柱子受到的竖向荷载 N 作用点在截面的中心即轴心（见图 2-29），即为轴心受压柱，其截面应力是均匀分布的，应力计算用公式（2-12），即：

$$\sigma = N/A$$

（2）偏心受压

偏心受压就是柱子受到的压力不是通过柱子的轴心。图2-30是一种最简单的偏心受压情况，它是一个带有牛腿的厂房边柱，当吊车梁传下来的压力 N 作用在牛腿上时，N 对轴心线有一个距离 e（e 称为轴心距），这时柱子受压时一侧受拉，另一侧受压，造成如图2-31所示的应力分布情况。

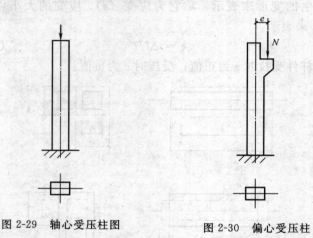

图2-29　轴心受压柱图　　　图2-30　偏心受压柱

4. 梁的受力

梁受力后的变形是工程结构中最常见的弯曲变形。在未受到荷载作用之前，水平轴可视为一条直线，受到荷载作用后产生支座反力，形成的力矩作用于梁，使梁发生弯曲变形。工程中对梁的受力变形分析，就是要控制梁的变形在规范要求允许的范围以内，确保使用的安全性。

（1）梁的内力

梁在外力作用下梁的内部将产生内力。为了对梁的强度和刚度进行计算，必须了解梁在外力作用下各截面所受内力。以图

2-32（a）的简支梁为例，由于外力 P 的作用使梁的两支座产生反力 R_A 和 R_B，现在我们来分析 m—m 截面的内力情况。假想用一个垂直于轴线的平面沿 m—m 截面将梁截成两段，保留左段作为研究对象，如图 2-32（b）所示。为了保持左段梁的平衡，左段除了 A 点的支座反力 R_A 外，在截面上必有一个垂直于轴线的内力 Q，其大小与 R_A 相等，方向相反。内力 Q 有使梁沿截面 m—m 被剪断的趋势，所以称 Q 为剪力。显然，根据左段梁力偶矩平衡条件可知，此横截面上必有一个内力偶，该内力偶与 R_A 和 Q 组成的力偶相平衡，此力偶的矩 M 就称为弯矩。根据作用力与反作用力原理，右段梁在同一横截面 m—m 上的剪力和弯矩在数值上与左段梁的剪力和弯矩相等，方向相反，如图 2-32（c）所示。通过上面的分析我们知道，梁的内力就是梁受到的剪力和弯矩。

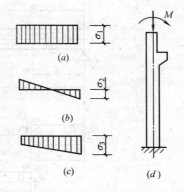

图 2-31　应力图
(a) 轴心受压；(b) 大偏心受压；
(c) 小偏心受压；(d) 受力图

剪力 Q 以横截画为准左上右下（即截面左边 Q 向上，右边 Q 向下）为正；左下右上为负。弯矩 M 左顺右逆（即横截面左边 M 为顺时针转向，右边 M 逆时针转向）为正，左逆右顺为负。

（2）梁的内力图

为了使梁的内力图比较直观，一般要绘制梁的内力图，即弯矩图和剪力图。梁受力弯曲后，不同的截面产生不同的内力，因此，在设计梁截面时必须找出内力最大截面作为设计依据。为了找出最大内力的截面位置，一般用横坐标表示沿梁轴线的截面位置，纵坐标表示相应截面上内力的大小，画出一条曲线，这样的

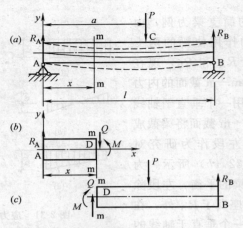

图 2-32 简支梁受力示意图

图形即为内力图。表示剪力的为剪力图,表示弯矩的为弯矩图。

【例 2-4】 绘制图 2-33 所示简支梁的内力图。

该梁在支座 A 的 3m 处受一个 100kN 的集中荷载,此梁产生了弯矩和剪力,根据计算可得到如图 2-33 所示的剪力图和弯矩图。

由图示可知:
(1) 求反力

$$R_A = 100 \times 2/5 = 40 \text{kN}$$
$$R_B = 100 \times 3/5 = 60 \text{kN}$$

(2) 作剪力图——Q 图

从 A 点到集中荷载作用处这一段内剪力 Q_x 为一个常数,即 $Q_x = R_A = 40$kN

再从集中荷载作用处到 B 点这一段内剪力 Q_x 也为一常数,即 $Q_x = -R_B = -60$kN(负号表示与前段剪力方向相反)

(3) 作弯矩图——M 图

当 $x = 0$,$M = x \cdot R_x = 40 \times 0 = 0$

当 $x = 3$,$M = x \cdot R_x = 40 \times 4 = 120$kN·m

当 $x=5$,$M=x \cdot R_x=60\times5-100\times3=0$

按照上述计算数值,绘制弯矩图如图 2-33 所示。

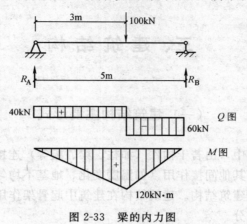

图 2-33 梁的内力图

三、建筑结构

(一)建筑结构主要形式

在建筑中,由若干构件(如柱、梁、板等)连接而构成的能承受荷载和其他间接作用(如温度变化、地基不均匀沉降等)的体系,叫做建筑结构。建筑结构在建筑中起骨架作用,是建筑的重要组成部分。

建筑结构可按所用的材料和承重结构类型来分类。根据所用材料不同,建筑结构分为混凝土结构、砌体结构、钢结构和木结构等。根据承重结构类型可分为混合结构、框架结构、框架-剪力墙结构、剪力墙结构、筒体结构等。

1. 根据所用材料划分

(1) 钢筋混凝土结构

钢筋混凝土是由混凝土和钢筋两种材料构成的。钢筋混凝土结构的应用范围十分广泛,除工业与民用建筑,如多层与高层住宅、旅馆、办公楼、大跨的大会堂、剧院、展览馆和单层、多层工业厂房等采用钢筋混凝土建造外,其他特种结构,如烟囱、水塔、水池等,也多采用钢筋混凝土建造。

钢筋混凝土之所以应用这么广泛,主要是由于它具有以下优点:

1) 材料利用合理:钢筋和混凝土的材料强度可以得到充分发挥,结构承载力与刚度比例合适,基本无局部稳定问题,单位价格低,对于一般工程结构,经济指标优于钢结构。

2) 可模性好：混凝土可根据需要浇筑成各种性质和尺寸，适用于各种形状复杂的结构，如空间薄壳、箱形结构等。

3) 耐久性和耐火性较好，维护费用低：钢筋有混凝土的保护层，不易产生锈蚀，而混凝土的强度随时间而增长；混凝土是不良热导体，30mm 厚混凝土保护层可耐火 2h，使钢筋不致因升温过快而丧失强度。

4) 现浇混凝土结构的整体性好，且通过合适的配筋，可获得较好的延性，适用于抗震、抗爆结构；同时防振性和防辐射性能较好，适用于防护结构。

5) 刚度大、阻尼大，有利于结构的变形控制。

6) 易于就地取材：混凝土所用的大量砂、石，易于就地取材，近年来，已有利用工业废料来制造人工骨料，或作为水泥的外加成分，改善混凝土的性能。

钢筋混凝土除具有上述优点外，也还存在着一些缺点。

1) 自重大：不适用于大跨、高层结构。

2) 抗裂性差：普通钢筋混凝土结构，在正常使用阶段往往带裂缝工作，环境较差（露天、沿海、化学侵蚀）时会影响耐久性；也限制了普通钢筋混凝土用于大跨结构，高强钢筋无法应用。

3) 承载力有限：在重载结构和高层建筑底部结构，构件尺寸太大，减小使用空间。施工复杂，工序多（支模、绑钢筋、浇筑、养护），工期长，施工受季节、天气的影响较大。

4) 混凝土结构一旦破坏，其修复、加固、补强比较困难。

（2）砌体结构

砌体结构是指用烧结普通砖、承重黏土空心砖（简称空心砖）、硅酸盐砖、中小型混凝土砌块、中小型粉煤灰砌块，或料石和毛石等块材，通过砂浆砌筑而成的结构。我国古代遗留下来的砖石砌体结构很多，如驰名中外的万里长城、隋代李春所建的河北赵县安济桥、南北朝时建的河南登封嵩山岳寺塔等，这些砖石砌体建筑的高超技艺反映了我国劳动人民的智慧。

砌体结构有就地取材、造价低廉、耐火性能好，施工方便、工艺简单等优点。因此，在工业与民用建筑中获得了广泛的应用。在现代建筑中，除用于单层与多层建筑外，在特种结构，如烟囱、水塔、小型水池和重力式挡土墙等，也广泛采用砌体结构。砌体结构除具有上述一些优点外，还存在着自重大、强度低、抗震性能差、施工进度缓慢等缺点。

（3）钢结构

钢结构是由钢材制成的结构。它的主要优点是强度高、重量轻、质地均匀、制作简单以及运输方便等；主要缺点是易锈蚀、耐火性差、维修费用高等。钢材是国民经济各部门不可缺少的材料，必须最大限度地节约钢材。因此，在工程建设中应当按照合理使用，充分发挥其优点的原则来利用钢材。目前，钢结构多用于工业与民用建筑中的屋盖、重工业厂房、高层建筑及高耸结构的广播电视发射塔等。

（4）木结构

木结构是指全部或大部分用木材制成的结构。由于木结构具有就地取材，制作简单，便于施工等优点，所以，过去在一般工业与民用建筑中应用颇为广泛。解放后，由于我国社会主义建设事业的发展，木材用量与日俱增，而其产量又受到自然生长条件的限制，因此，节约木材对我国社会主义建设有着十分重要的意义。国务院曾颁发《节约木材暂行条例》，详细阐述了节约木材的意义，并规定在基本建设方面应尽量少采用木结构。因此，目前在大中城市的房屋建筑中已很少采用木结构，只有在林区和农村房屋建筑中还有应用。木结构有易燃、易腐蚀和结构变形大等缺点，因此，在火灾危险性大或周围环境温度高的建筑中，以及在潮湿且不易通风的生产性房屋中，均不宜采用木结构。

2. 根据承重结构类型划分

（1）混合结构

混合结构是指由砌体结构构件和其他材料制成的构件所组成

的结构。例如，竖直承重构件用砖墙、砖柱，水平构件用钢筋混凝土梁、板所建造的结构就属于混合结构。

由于混合结构有就地取材、施工方便、造价便宜等优点，所以混合结构在我国城市和广大农村应用十分广泛，多用于6层及6层以下的住宅、旅馆、办公楼、教学楼以及单层工业厂房中。

（2）框架结构

框架结构是由纵梁、横梁和柱组成的结构。目前，我国框架结构多采用钢筋混凝土建造，也有采用钢框架的。框架结构建筑布置灵活，可任意分割房间，容易满足生产工艺和使用上的要求。它既可用于大空间的商场、工业生产车间、礼堂、食堂，也可用于住宅、办公楼、医院、学校建筑。因此，框架结构在单层和多层工业与民用建筑中获得了广泛应用。钢筋混凝土框架结构超过一定高度后，其侧向刚度将大大降低。这时，在风荷载或地震作用下，其侧向位移就会超过容许值，因此，钢筋混凝土框架结构多用于10层以下建筑。个别也有超过10层的，如北京长城饭店采用的就是18层钢筋混凝土框架结构。

（3）框架-剪力墙结构

计算表明，房屋在风荷载或地震作用下，靠近底层的承重构件的内力（弯矩 M，剪力 V）和房屋的侧向位移将随房屋高度的增加而急剧增大。因此，当房屋高度超过一定限度后，再采用框架结构，底层的梁、柱尺寸就会很大。这样，房屋造价不仅增加，而且建筑使用面积也会减少。在这种情况下，通常采用钢筋混凝土框架-剪力墙结构。

钢筋混凝土框架-剪力墙结构是在框架结构纵、横方向的适当位置，在柱与柱之间设置几道厚度大于140mm的钢筋混凝土墙体而构成的。由于在这种结构中剪力墙在平面内的侧向刚度比框架侧向刚度大得多，所以，在风荷载和地震作用下产生的水平剪力主要由墙来承担，一小部分剪力则由框架来承担，而框架主要承受竖向荷载。由于框架-剪力墙结构充分发挥剪力墙和框架各自的特点，因此，在高层建筑中采用框架-剪力墙结构比框架结构更经济合理。

(4) 剪力墙结构

剪力墙结构是由纵横钢筋混凝土墙所组成的结构。这种墙除抵抗水平地震作用和竖向荷载外,还对房屋起着围护和分割作用。这种结构适用于高层住宅、旅馆等建筑。因为剪力墙结构的墙体较多,房屋的侧向刚度大,因此它可以建得很高。

(5) 筒体结构

随着房屋的层数的进一步增加,房屋结构需要具有更大的侧向刚度以抵抗风荷载和地震作用,因此出现了筒体结构。

筒体结构是用钢筋混凝土墙围成侧向刚度很大的筒体,其受力特点与一个固定于基础上的筒形悬臂构件相似。为了满足采光的要求,在筒壁上开有孔洞,这种筒叫做空腹筒。当建筑物高度更高,要求侧向刚度更大时,可采用筒中筒结构。这种筒体由空腹外筒和实腹内筒组成,内外筒之间用在自身平面内刚度很大的楼板相联系,使之共同工作,形成一个空间结构。

筒体结构多用于高层或超高层(高度 $H \geqslant 100m$)公共建筑中,如饭店、银行、通信大楼等。北京中央彩电中心大楼(26层,高 107m)采用的就是筒中筒结构。

(6) 大跨结构

大跨结构是指在体育馆、大型火车站、航空港等公共建筑中所采用的结构。在这种结构中,竖向承重结构构件多采用钢筋混凝土柱,屋盖采用钢网架、薄壳或悬索结构等。近十几年来,由于电子计算机的迅速推广和应用,使钢网架的内力分析从冗繁的计算中解放出来,从而钢网架也就获得了广泛的应用。我国首先采用网架的建筑是北京首都体育馆,它的屋盖宽度为 99m,长度达 112.2m,用钢量仅为 $65kg/m^2$。

(二) 钢筋混凝土结构工程

钢筋混凝土是由钢筋和混凝土两种物理力学性能不相同的材

料所组成。混凝土的抗压能力较强，抗拉能力却很低，而钢筋的抗拉能力则很强。为了充分利用材料的性能，提高构件的承载力，把钢筋和混凝土结合在一起共同工作，使混凝土主要承受压力，钢筋主要承受拉力，以满足工程结构的不同使用要求。

1. 混凝土的力学性能

混凝土结构中，主要是利用混凝土的抗压强度。因此抗压强度是混凝土力学性能中最主要和最基本的指标。混凝土的强度等级是用抗压强度来划分的。

（1）单向受力状态下混凝土的强度

1）立方体抗压强度：边长为 150mm 的混凝土立方体试件，在标准条件下（温度为 20±3℃，湿度≥90%）养护 28 天，用标准试验方法（加载速度 0.15～0.3MPa/s，两端不涂润滑剂）测得的具有 95% 保证率的抗压强度，用符号 f_{cu} 表示。混凝土试件及破坏形式如图 3-1 所示。

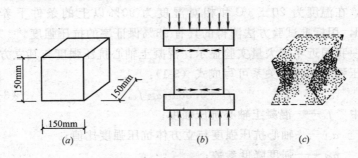

图 3-1 混凝土试件
(a) 立方体试块；(b) 受力示意图；(c) 破坏形态

根据混凝土立方体抗压强度标准值，我国新修订的《混凝土结构设计规范》（GB 50010—2002）规定：用于钢筋混凝土结构的混凝土强度等级分为 14 个强度等级：级差为 5N/mm²。即：C15、C20、C25、C30、C35、C40、C45、C50、C55、C60、C65、C70、C75、C80（其中 C 表示混凝土，C 后面的数字表示立方体抗压强度标准值，单位为 N/mm²）。

钢筋混凝土结构的混凝土强度等级不应低于 C15；当采用 HRB335 级钢筋时，混凝土强度等级不宜低于 C20；当采用 HRB400 和 RRB400 级钢筋以及对承受重复荷载的构件，混凝土强度等级不得低于 C20。

预应力混凝土结构的混凝土强度等级不应低于 C30；当采用钢丝、钢绞线、热处理钢筋作预应力钢筋时，混凝土强度等级不宜低于 C40。

2）轴心抗压强度

在工程中，钢筋混凝土轴心受压构件，如柱、屋架受压弦杆等，它们的长度比截面尺寸大得多。因此，钢筋混凝土轴心受压构件中混凝土的强度与混凝土棱柱体轴心抗压强度接近。所以，在计算这类构件时，混凝土强度应采用棱柱体轴心抗压强度（简称轴心抗压强度），用符号 f_c 表示。

按标准方法制作的 150mm×150mm×300mm 的棱柱体试件，在温度为 20±3℃ 和相对湿度为 90% 以上的条件下养护 28d，用标准试验方法测得的具有 95% 保证率的抗压强度。

我国近年来大量实验显示：混凝土轴心抗压强度与其立方体抗压强度之间的关系可写成式（3-1）：

$$f_c = 0.88 \alpha_{c1} \alpha_{c2} f_{cu} \tag{3-1}$$

式中 　f_c——混凝土轴心抗压强度；

　　　α_{c1}——轴心抗压强度与立方体抗压强度比值；

　　　α_{c2}——强度降低参数；

　　　f_{cu}——混凝土立方体抗压强度（N/mm²）。

《混凝土结构设计规范》（GB 50010—2002）规定：对 C50 及以下，$\alpha_{c1}=0.76$，对 C80，$\alpha_{c1}=0.82$；对 C40，取 $\alpha_{c2}=1.0$；对 C80，$\alpha_{c2}=0.87$，其间按线性插入。各参数意义参见《混凝土结构设计规范》（GB 50010—2002）。对于同一混凝土，棱柱体抗压强度小于立方体抗压强度。

3）轴心抗拉强度

在计算钢筋混凝土和预应力混凝土构件的抗裂度和裂缝宽度时，要应用轴心抗拉强度。

混凝土的轴心抗拉强度可以采用直接轴心受拉的试验方法来测定，但由于试验比较困难，目前国内外主要采用圆柱体或立方体的劈裂试验来间接测试混凝土的轴心抗拉强度。《混凝土结构设计规范》(GB 50010—2002) 根据大量试验结果，给出了混凝土抗拉强度与立方体抗压强度之间的关系式，如式（3-2），即：

$$f_t = 0.88 \times 0.395 \times (f_{cu})^{0.55} \alpha_{c2} \qquad (3-2)$$

由式（3-1）和式（3-2）可见，只要知道混凝土立方体抗压强度 f_{cu}，就可分别计算出混凝土的轴心抗压强度 f_c 和轴心抗拉强度 f_t。因此，混凝土立方体抗压强度 f_{cu} 是混凝土强度的基本值。

（2）混凝土的收缩和徐变

1）混凝土的收缩

混凝土在空气中硬化时体积会缩小，这种现象称为混凝土的收缩。收缩是混凝土在不受外力情况下体积变化产生的变形。

当这种自发的变形受到外部（支座）或内部（钢筋）的约束时，将使混凝土中产生拉应力，甚至引起混凝土的开裂。混凝土收缩会使预应力混凝土构件产生预应力损失。

混凝土的收缩与结构周围的温度、湿度、构件断面形状及尺寸、配合比、骨料性质、水泥性质、混凝土浇筑质量及养护条件等许多因素有关。

（A）水泥的品种：水泥强度等级越高，制成的混凝土收缩越大。

（B）水泥的用量：水泥用量多、水灰比越大，收缩越大。

（C）骨料的性质：骨料弹性模量高、级配好，收缩就小。

（D）养护条件：干燥失水及高温环境，收缩大。

（E）混凝土制作方法：混凝土越密实，收缩越小。

（F）使用环境：使用环境温度高、湿度越大，收缩越小。

（G）构件的体积与表面积比值：比值大时，收缩小。

2)混凝土的徐变

混凝土在荷载的长期作用下,其变形随时间而不断增长的现象称为徐变。

徐变对混凝土结构和构件的工作性能有很大影响。由于混凝土的徐变,会使构件的变形增加,在钢筋混凝土截面中引起应力重分布,在预应力混凝土结构中会造成预应力的损失。

混凝土的徐变特性主要与时间参数有关。影响因素包括内在因素和环境影响两方面。

内在因素是指混凝土的组成和配比。骨料的刚度(弹性模量)越大,体积比越大,徐变就越小。水灰比越小,徐变也越小。

环境影响包括养护和使用条件。受荷前养护的温湿度越高,水泥水化作用越充分,徐变就越小。采用蒸汽养护可使徐变减少20%~35%。受荷载后构件所处的环境温度越低,相对湿度越小,徐变就越大。

2. 钢筋与混凝土共同工作原理

(1) 钢筋与混凝土共同工作原理

钢筋和混凝土两种材料的物理力学性能很不相同,它们可以结合在一起共同工作,是因为:

1) 钢筋和混凝土之间存在有良好的粘结力,在荷载作用下,可以保证两种材料协调变形,共同受力。

2) 钢筋与混凝土具有基本相同的温度线膨胀系数(钢材为1.2×10^{-5},混凝土为$(1.0\sim1.5\times10^{-5})$),因此当温度变化时,两种材料不会产生过大的变形差而导致两者间的粘结力破坏。

3) 混凝土将钢筋紧紧包裹住,可以防止钢筋锈蚀,保证结构的耐久性。

(2) 钢筋混凝土结构对钢筋性能的要求

钢筋混凝土结构要求,主要是钢筋应具有足够的强度、塑性、可焊性以及与混凝土产生可靠的粘结力等方面。

1) 强度：要求钢筋有足够的强度和适宜的强屈比（极限强度与屈服强度的比值）。例如，对抗震等级为一、二级的框架结构，其纵向受力钢筋的实际强屈比不应小于 1.25。

2) 塑性：要求钢筋应有足够的变形能力。

3) 可焊性：要求钢筋焊接后不产生裂缝和过大的变形，焊接接头性能良好。

4) 与混凝土的粘结力：要求钢筋与混凝土之间有足够的粘结力，以保证两者共同工作。

3. 概率极限状态设计法基本知识

（1）结构的功能

任何结构在规定的时间内，在正常条件下，均应满足预定的功能要求。在规定的时间内，规定条件下，完成预定的功能的能力，称为结构的可靠性。可靠性是结构的安全性、适用性和耐久性三个方面的总称。其要求具体是：

1) 安全性

建筑结构应能承受在正常施工和正常使用过程中可能出现的各种作用（如荷载、温度变化等），同时应能在偶然事件（如爆炸、火灾等）发生时及发生后保持必需的整体稳定性，不致发生倒塌。

2) 适用性

建筑结构在正常使用过程中应具有良好的工作性能。如结构不发生过大变形，以免影响正常使用，也不发生使用户不安的裂缝。

3) 耐久性

建筑结构在正常维护条件下应具有足够的耐久性能，即能完好地使用到设计规定的年限。如混凝土不发生严重的脱落；钢筋不发生严重的锈蚀，以免影响结构的使用寿命。

可靠性以可靠度来衡量。所谓结构的可靠度，是指结构在规定的时间内（一般规定为 50 年），在规定的条件下，完成预定功能的概率。因此,结构的可靠度是可靠性的一种定量描述。

(2) 结构功能的极限状态

整个结构或结构的一部分超过某一特定状态就不能满足设计规定的某一功能要求,此特定状态称为该功能的极限状态。

我国《建筑结构可靠度设计统一标准》(GB 50068—2001)将极限状态分为以下两类:

1) 承载能力极限状态

这种极限状态对应于结构或结构构件达到最大承载能力或不适于继续承载变形的状态。

当结构或构件出现下列状态之一时,应认为超过了承载能力极限状态:

(A) 整个结构或结构的一部分作为刚体失去平衡(如滑移或倾覆等);

(B) 结构构件或连接因超过材料强度而破坏(包括疲劳破坏)或因过度变形而不适于继续承载;

(C) 结构转变为机动体系;

(D) 结构或结构构件丧失稳定(如压屈等);

(E) 地基丧失承载能力而破坏(如失稳)。

2) 正常使用极限状态

这种状态对应于结构或结构构件达到正常使用或耐久性能的某项规定限值。例如当结构产生裂缝或局部破坏影响正常使用时,即认为超过了正常使用极限状态。

当结构或结构构件出现下列状态之一时,应认为超过了正常使用极限状态:

(A) 影响正常使用或外观的变形;

(B) 影响正常使用或耐久性能的局部损坏(包括裂缝);

(C) 影响正常使用的振动;

(D) 影响正常使用的其他特定状态。

由上述不难看出,承载能力极限状态主要考虑有关结构的安全性功能;而正常使用极限状态主要考虑结构的适用性和耐久性功能。由于结构或构件一旦达到承载能力极限状态，就可能发生严重破坏，造成经济损失，甚至人员伤亡。因此应当把出现这种极限状态的概率控制得非常严格，而正常使用极限状态的出现概率，则可以控制得略宽一些。

(3) 荷载代表值

荷载可根据不同的设计要求，规定不同量值的代表值，以便较好地在设计中反映它的特点。《建筑结构荷载规范》(GB 50009—2001) 给出三种代表值：如标准值、准永久值和组合值。对永久荷载应采用标准值作为代表值；对可变荷载应根据设计要求采用标准值、组合值或准永久值作为代表值；对偶然荷载应按建筑结构使用的特点确定其代表值。

荷载标准值是指结构在使用期间，正常情况下可能出现的最大荷载。准永久值是对可变荷载在设计基准期内被超越的总时间为设计基准期一半的作用值。组合值是对可变荷载，使组合后的作用效应在设计基准期内的超越概率与该作用单独出现时的相应概率趋于一致的作用值或组合后使结构具有统一规定的可靠指标的作用值。

(4) 材料强度标准值

按同一标准生产的钢材或混凝土各批之间的强度不会相同，即使同一炉钢轧成的钢筋或同一盘搅拌的混凝土，其强度也有差异，这就是材料强度的变异性。为了保证结构安全可靠，在设计中应采用材料强度标准值来计算。所谓材料强度标准值，是指在正常情况下，可能出现的最小材料强度。

4. 钢筋混凝土构件构造知识

(1) 板的构造

在建筑结构中梁和板是最常见的受弯构件。如图 3-2，梁的截面形式有矩形、T 形、工字形。板的截面形式有矩形（实心板）和空心板等。

1) 板的构造

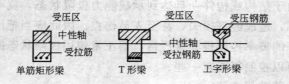

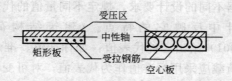

图 3-2 梁和板的截面形式

(A) 板的厚度

板的厚度应满足承载力、刚度和抗裂的要求，从刚度条件出发，板的最小厚度对于单跨板不得小于 $l_0/35$，对于多跨连续板不得小于 $l_0/40$。(l_0 为板的计算跨度)，如板厚满足上述要求，即不需作挠度验算。一般现浇板板厚不宜小于 60mm。

(B) 板的配筋

板中配有受力钢筋和分布钢筋（如图 3-3）。受力钢筋沿板的跨度方向在受拉区配置，承受荷载作用下所产生的拉力。分布钢筋布置在受力钢筋的内侧，与受力钢筋垂直，交点用细铁丝绑

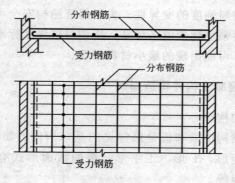

图 3-3 板的构造

扎或焊接，其作用是固定受力钢筋的位置并将板上荷载分散到受力钢筋上，同时也能防止因混凝土的收缩和温度变化等原因，在垂直于受力钢筋方向产生的裂缝。

受力钢筋的直径应经计算确定，一般为 6～12mm。其间距：当板厚 $h \leqslant 150$mm 时，不应大于 200mm；当板厚 $h > 150$mm 时，不应大于 1.5h，且不应大于 250mm。为了保证施工质量，钢筋间距也不宜小于 70mm。当板中受力钢筋需要弯起时，其弯起角不宜小于 30°。

板中单位长度上的分布钢筋，其截面面积不宜小于单位宽度上受力钢筋截面面积的 15%；且不宜小于该方向板截面面积的 0.15%；其直径不宜小于 6mm；其间距不应大于 250mm。当因收缩或温度变化等因素对结构产生的影响较大或对防止出现裂缝的要求较严时，板中分布钢筋的数量应适当增加。分布钢筋应配置在受力钢筋的弯折处及直线段内，在梁的截面范围内可不配置。

（2）梁的构造

1）梁的截面

梁的截面高度 h 可根据刚度要求按高跨比（h/L）来估计，如简支梁高度为跨度的 1/12～1/8。梁高确定后，梁的截面宽度可由常用的高宽比（h/b）来估计，矩形截面 $b = (1/2.5 \sim 1/2)h$；T 形截面 $b = (1/4 \sim 1/2.5)h$。

为了统一模板尺寸和便于施工，截面宽度取 50mm 的倍数。当梁高 $h \leqslant 800$mm 时，截面高度取 50mm 的倍数，当 $h > 800$mm 时，则取 100mm 的倍数。

2）梁的配筋

梁中的钢筋有纵向受力钢筋、弯起钢筋、箍筋和架立钢筋等，如图 3-4。

纵向受力钢筋的作用是承受由弯矩在梁内产生的拉力，常用直径为 12～25mm。当梁高 $h \geqslant 300$mm 时，其直径不应小于 10mm；当 $h < 300$mm 时，不应小于 8mm。为保证钢筋与混凝土

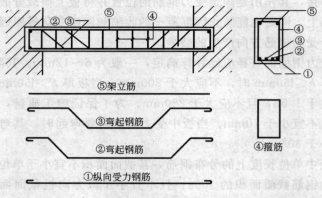

图 3-4 梁的构造

之间具有足够的粘结力和便于浇筑混凝土,梁的上部纵向钢筋的净距,不应小于 30mm 和 $1.5d$ (d 为纵向钢筋的最大直径),下部纵向钢筋的净距不应小于 25mm 和 d (见图 3-7)。梁的下部纵向钢筋配置多于两层时,钢筋水平方向的中距应比下面两层的中距增大 1 倍。各层钢筋之间的净间距不应小于 25mm 和 d。

箍筋主要是用来承受由剪力和弯矩在梁内引起的主拉应力,同时还可固定纵间受力钢筋并和其他钢筋一起形成立体的钢筋骨架。箍筋的最小直径与梁高有关:当梁高 $h \leqslant 800$mm 时,不宜小于 6mm;当 $h > 800$mm 时,不宜小于 8mm。梁中配有计算需要的纵向受压钢筋时,箍筋直径还应不小于 $d/4$ (d 为纵向受压钢筋最大直径)。箍筋分开口和封闭两种形式。开口式只用于无振动荷载或开口处无受力钢筋的现浇 T 形梁的跨中部分,除此之外均应采用封闭式,见图 3-5。

箍筋一般采用双肢;当梁宽 $b \leqslant 150$mm 时,用单肢;当梁宽 $150\text{mm} < b < 350\text{mm}$ 时,采用双肢;当梁宽 $b \geqslant 350$mm 且在一排内纵向受压钢筋多于 3 根,或一排内纵向受拉钢筋多于 5 根时,用四肢(由两个双肢箍筋组成,也称复合箍筋),箍筋的形式如图 3-5 所示。

梁中箍筋应按计算确定,但如果计算不需要时,对截面高度

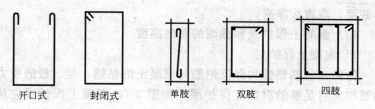

图 3-5 箍筋的形式和构造

$h>150$mm 时的梁,也应按规范规定的构造要求配置钢筋。

弯起钢筋的数量、位置由计算确定,一般由纵向受力钢筋弯起而成(图 3-4),当纵向受力钢筋较少,不足以弯起时,也可设置单独的弯起钢筋。弯起钢筋的作用是:其弯起段用来承受弯矩和剪力产生的主拉应力;弯起后的水平段可承受支座处的负弯矩。

弯起钢筋的弯起角度:当梁高 $h\leqslant 800$mm 时,采用 45°;当梁高 $h>800$mm 时,采用 60°。

架立钢筋设置在梁的受压区外缘两侧,用来固定箍筋和形成钢筋骨架。如受压区配有纵向受压钢筋时。则可不再配置架立钢筋。架立钢筋的直径与梁的跨度有关:当跨度小于 4m 时,不小于 8mm;当跨度在 4~6m 时,不小于 10mm,跨度大于 6m 时,不小于 12mm。

当梁的腹板高度 $h_w \geqslant 450$mm 时,在梁的两个侧面应沿高度配置纵向构造钢筋(图 3-6),每侧构造钢筋(不包括梁上、下部受力钢筋及架立钢筋)的截面面积不应小于腹板截面面积 bh_w 的 0.1%,其间距不宜大于 200mm。此处腹板高度 h_w 对矩形截面,取有效高度;对 T 形截面,取有效高度减去翼缘高度;对 I

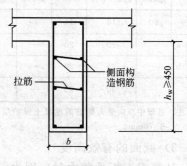

图 3-6 侧面构造钢筋

形截面,取腹板净高。

(3) 混凝土保护层和截面的有效高度

1) 混凝土保护层

为防止钢筋锈蚀和保证钢筋与混凝土的粘结,梁、板的受力钢筋均应有足够的混凝土保护层。如图 3-7,混凝土保护层应从钢筋的外边缘起算。受力钢筋的混凝土保护层最小厚度应按规定(表 3-1)采用,同时也不应小于受力钢筋的直径。混凝土结构的环境类别参见表 3-2。

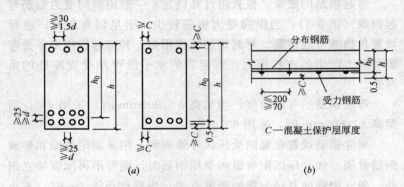

图 3-7 混凝土保护层和截面有效高度

纵向受力钢筋的混凝土保护层最小厚度 (mm) 表 3-1

环境类别		板、墙、壳			梁			柱		
		≤C20	C25~C45	≥C50	≤C20	C25~C45	≥C50	≤C20	C25~C45	≥C50
一		20	15	15	30	25	25	30	30	30
二	a	—	20	20	—	30	30	—	30	30
	b	—	25	20	—	35	30	—	35	30
三		—	30	25	—	40	35	—	40	35

注:基础中纵向受力钢筋的混凝土保护层厚度不应小于 40mm;当无垫层时不应小于 70mm。

2) 截面的有效高度

计算梁、板承载力时,因为混凝土开裂后,拉力完全由钢筋

混凝土结构的环境类别　　　　　　表 3-2

环境类别		条　件
一		室内正常环境
二	a	室内潮湿环境；非严寒和非寒冷地区的露天环境、与无侵蚀性的水或土壤直接接触的环境
	b	严寒和寒冷地区的露天环境、与无侵蚀性的水或土壤直接接触的环境
三		使用除冰盐的环境；严寒和寒冷地区冬季水位变动的环境；滨海室外环境
四		海水环境
五		受人为或自然的侵蚀性物质影响的环境

注：严寒和寒冷地区的划分应符合国家现行标准《民用建筑热工设计规程》JGJ 24 的规定。

承担，则梁、板能发挥作用的截面高度应为从受压混凝土边缘至受拉钢筋合力点的距离，这一距离称为截面有效高度，用 h_0 表示（图 3-7），用下式（3-3）计算

$$h_0 = h - a_s \tag{3-3}$$

式中　h——受弯构件的截面高度；

　　　a_s——纵向受拉钢筋合力点至截面近边的距离。

根据钢筋净距和混凝土保护层最小厚度，并考虑到梁、板常用钢筋的平均直径（梁中平均直径 $d=20mm$，板中平均直径 $d=10mm$），在室内正常环境下，可按下述方法近似确定 h_0 值。

对于梁当混凝土保护层厚为 25mm 时：

受拉钢筋配置成一排时，$h_0 = h - 35mm$；

受拉钢筋配置成二排时，$h_0 = h - 60mm$。

对于板当混凝土保护层厚度为 15mm 时，$h_0 = h - 20mm$。

5. 钢筋混凝土受弯构件破坏形式

钢筋混凝土结构的计算理论是在试验的基础上建立的，通过试验了解破坏的形式和破坏过程，研究截面的应力分布，以便建立计算公式。

受弯构件以梁为试验研究对象。根据试验研究，梁的正截面（图 3-8）的破坏形式主要与梁内纵向受拉钢筋含量的多少有关。

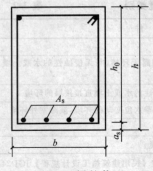

图 3-8 梁的截面

梁内纵向受拉钢筋的含量用配筋率 ρ 表示，计算公式如式(3-4)，即：

$$\rho=\frac{A_s}{bh_0} \qquad (3-4)$$

式中 A_s——纵向受拉钢筋截面面积；

bh_0——混凝土的有效截面面积。

由于配筋率的不同，钢筋混凝土梁有三种破坏形式（图 3-9）。

(1) 适筋梁

是指含有正常配筋的梁。其破坏的主要特点是受拉钢筋首先达到屈服强度，受压区混凝土的压应力随之增大，当受压区混凝土达到极限压应变时，构件即告破坏（图 3-9 (a)），这种破坏称为适筋破坏。这种梁在破坏前，钢筋经历着较大的塑性伸长，从而引起构件较大的变形和裂缝，其破坏过程比较缓慢，破坏前有明显的预兆，为塑性破坏。适筋梁因其材料强度能得到充分发挥，受力合理，破坏前有预兆，所以实际工程中应把钢筋混凝土梁设计成适筋梁。

(2) 超筋梁

是受拉钢筋配得过多的梁。由于钢筋过多，所以这梁在破坏时，受拉钢筋还没有达到屈服强度，而受压混凝土却因达到极限压应变先被压碎，而使整个构件破坏（图 3-9 (b)），这种破坏称为超筋破坏。超筋梁的破坏是突然发生的，破坏前没有明显预兆，为脆性破坏。这种梁配筋虽多，却不能充分发挥作用，所以是不经济的。由于上述原因，工程中不允许采用超筋梁，并以最大配筋率加以限制。

(3) 少筋梁

梁内受拉钢筋配得过少时的梁称为少筋梁（或低筋梁）。由于配筋过少，所以只要受拉区混凝土一开裂，钢筋就会随之达到屈服强度，构件将发生很宽的裂缝和很大的变形，甚至因钢筋被拉断而破坏（图3-9c），这种破坏称为少筋破坏。这也是一种脆性破坏，破坏前没有明显征兆，工程中不得采用少筋梁，并以最小配筋率ρ_{min}加以限制。

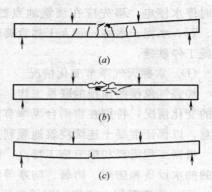

图3-9　梁的三种破坏形式
(a)适筋破坏；(b)超筋破坏；(c)少筋破坏

为了保证钢筋混凝土受弯构件的配筋适当，不出现超筋或少筋破坏，就必须控制截面的配筋率，使之在最大配筋率和最小配筋率范围以内。

6. 钢筋混凝土结构施工

(1) 混凝土的浇筑

1) 浇筑施工准备

(A) 制订施工方案

根据工程对象、结构特点，结合具体条件，制定混凝土浇筑的施工方案。

(B) 机具准备及检查

搅拌机、运输车、料斗、串筒、振动器等机具设备按需要准备充足，并考虑发生故障时的修理时间。重要工程，应有备用的搅拌机和振动器。特别是采用泵送混凝土，一定要有备用泵。所用的机具均应在浇筑前进行检查和试运转，同时配有专职技工，随时检修。浇筑前，必须核实一次浇筑完毕或浇筑至某施工缝前的工程材料，以免停工待料。

(C) 保证水电及原材料的供应

在混凝土浇筑期间，要保证水、电、照明不中断。为了防备临时停水停电，事先应在浇筑地点贮备一定数量的原材料（如砂、石、水泥、水等）和人工拌合捣固用的工具，以防出现意外的施工停歇缝。

（D）掌握天气季节变化情况

加强气象预测预报的联系工作。在混凝土施工阶段应掌握天气的变化情况，特别在雷雨台风季节和寒流突然袭击之际，更应注意，以保证混凝土连续浇筑地顺利进行，确保混凝土质量。

根据工程需要和季节施工特点，应准备好在浇筑过程中所必须的抽水设备和防雨、防暑、防寒等物资。

（E）检查模板、支架、钢筋和预埋件

在浇筑混凝土之前，应检查和控制模板、钢筋、保护层和预埋件等的尺寸、规格、数量和位置，其偏差值应符合现行国家标准《混凝土结构工程施工质量验收规范》（GB 50204—2002）的规定。此外，还应检查模板支撑的稳定性以及模板接缝的密合情况。

模板和隐蔽工程项目应分别进行预检和隐蔽验收。符合要求时，方可进行浇筑。检查时应注意以下几点：

（a）模板的标高、位置与构件的截面尺寸是否与设计符合；构件的预留拱度是否正确；

（b）所安装的支架是否稳定；支柱的支撑和模板的固定是否可靠；

（c）模板的紧密程度；

（d）钢筋与预埋件的规格、数量、安装位置及构件接点连接焊缝，是否与设计符合。

（F）其他

在浇筑混凝土前，模板内的垃圾、木片、刨花、锯屑、泥土和钢筋上的油污、鳞落的铁皮等杂物，应清除干净。

木模板应浇水加以润湿，但不允许留有积水。湿润后，木模板中尚未胀密的缝隙应贴严，以防漏浆。

金属模板中的缝隙和孔洞也应予以封闭。

检查安全设施、劳动配备是否妥当,能否满足浇筑速度的要求。

在地基或基土上浇筑混凝土,应清除淤泥和杂物,并应有排水和防水措施。

对干燥的非粘性土,应用水湿润;对未风化的岩石,应用水清洗,但其表面不得留有积水。

2) 浇筑厚度及间歇时间

(A) 浇筑层厚度

混凝土浇筑层的厚度,应符合表 3-3 的规定。

混凝土浇筑层厚度 (mm)   表 3-3

捣实混凝土的方法		浇筑层的厚度
插入式振捣		振捣器作用部分长度的 1.25 倍
表面振动		≤200
人工捣固	在基础、无筋混凝土或配筋稀疏的结构中	≤250
	在梁、墙板、柱结构中	≤200
	在配筋密列的结构中	≤150
轻骨料混凝土	插入式振捣	≤300
	表面振动(振动时需加荷)	≤200

(B) 浇筑间歇时间

浇筑混凝土应连续进行。如必须间歇时,其间歇时间宜缩短,并应在前层混凝土凝结之前,将次层混凝土浇筑完毕。

混凝土运输、浇筑及间歇的全部时间不得超过表 3-4 的规定,当超过规定时间必须设置施工缝。

混凝土运输、浇筑及最大间歇时间 (min)   表 3-4

混凝土强度等级	气温(℃)	
	≤25	>25
≤C30	210	180
>C30	180	150

3）浇筑质量要求

（A）在浇筑工序中，应控制混凝土的均匀性和密实性。混凝土拌合物运至浇筑地点后，应立即浇筑入模。在浇筑过程中，如发现混凝土拌合物的均匀性和稠度发生较大的变化，应及时处理。

（B）浇筑混凝土时，应注意防止混凝土的分层离析。混凝土由料斗、漏斗内卸出进行浇筑时，其自由倾落高度一般不宜超过2m，在竖向结构中浇筑混凝土的高度不得超过3m，否则应采用串筒、斜槽、溜管等下料。

（C）浇筑竖向结构混凝土前，底部应先填以50～100mm厚与混凝土成分相同的水泥砂浆。

（D）浇筑混凝土时，应经常观察模板、支架、钢筋、预埋件和预留孔洞的情况，当发现有变形、移位时，应立即停止浇筑，并应在已浇筑的混凝土凝结前修整完好。

（E）混凝土在浇筑及静置过程中，应采取措施防止产生裂缝。混凝土因沉降及干缩产生的非结构性的表面裂缝，应在混凝土终凝前予以修整。在浇筑与柱和墙连成整体的梁和板时，应在柱和墙浇筑完毕后停歇1～1.5h，使混凝土获得初步沉实后，再继续浇筑，以防止接缝处出现裂缝。

（F）梁和板应同时浇筑混凝土。较大尺寸的梁（梁的高度大于1m）、拱和类似的结构，可单独浇筑。但施工缝的设置应符合有关规定。

（2）混凝土施工缝

1）施工缝的设置

由于施工技术和施工组织上的原因，不能连续将结构整体浇筑完成，并且间歇的时间预计将超出表3-2规定的时间时，应预先选定适当的部位设置施工缝。

设置施工缝应核严格按照规定，认真对待。如果位置不当或处理不好，会引起质量事故，轻则开裂渗漏，影响寿命；重则危及结构安全，影响使用。因此，不能不给予高度重视。

(A) 一般建筑物的施工缝

施工缝的位置应设置在结构受剪力较小且便于施工的部位。留缝应符合下列规定：

A) 柱子留置在基础的顶面、梁或吊车梁牛腿的下面、吊车梁的上面、无梁楼板柱帽的下面（图 3-10）。

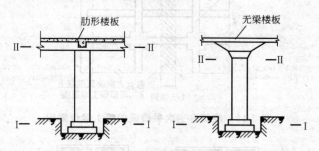

图 3-10　浇筑柱的施工缝位置图
Ⅰ—Ⅰ、Ⅱ—Ⅱ表示施工缝位置

B) 和板连成整体的大断面梁，留置在板底面以下 20～30mm 处。当板下有梁托时，留在梁托下部。

C) 单向板，留置在平行于板的短边的任何位置。

D) 有主次梁的楼板。宜顺着次梁方向浇筑，施工缝应留置在次梁跨度的中间三分之一范围内（图 3-11）。

E) 墙，留置在门洞口过梁跨中 1/3 范围内，也可留在纵横墙的交接处。

(B) 一些特殊建、构筑物的施工缝

A) 双向受力楼板、大体积混凝土结构、拱、弯拱、薄壳、蓄水池、斗仓、多层刚架及其他结构复杂的工程，施工缝的位置应按设计要求留置。下列情况可作参考：

(a) 斗仓施工缝可留在漏斗根部及上部，或漏斗斜板与漏斗主壁交接处，如图 3-12。

(b) 一般设备地坑及水池，施工缝可留在坑壁上，距坑（池）底混凝土面的 30～50cm 范围内。

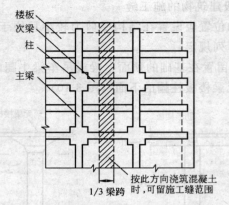

图 3-11 浇筑有主次梁楼板的施工缝位置图

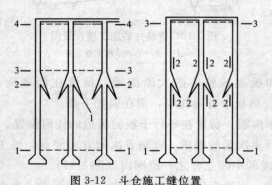

图 3-12 斗仓施工缝位置
1—1、2—2、3—3、4—4—施工缝位置；1—漏斗板

B）承受动力作用的设备基础，不应留施工缝；如必须留施工缝时，应征得设计单位同意。一般可按下列要求留置：

（a）基础上的机组在担负互不相依的工作时，可在其间留置垂直施工缝；

（b）输送辊道支架基础之间，可留垂直施工缝。

C）在设备基础的地脚螺栓范围内。留置施工缝时，应符合下列要求：

（a）水平施工缝的留置。必须低于地脚螺栓底端，其与地脚螺栓底端距离应大于150mm；直径小于30mm的地脚螺栓，水平施工缝可以留在不小于地脚螺栓埋入混凝土部分总长度的3/4处；

(b) 垂直施工缝的留置，其地脚螺栓中心线间的距离不得小于250mm，并不小于5倍螺栓直径。

2) 施工缝的处理

在施工缝处继续浇筑混凝土时，已浇筑的混凝土抗压强度不应小于$1.2N/mm^2$。混凝土达到$1.2N/mm^2$的时间，可通过试验决定，同时，必须对施工缝进行必要的处理。

(A) 在已硬化的混凝土表面上继续浇筑混凝土前，应清除垃圾、水泥薄膜、表面上松动砂石和软弱混凝土层，同时还应加以凿毛，用水冲洗干净并充分湿润，一般不宜少于24h，残留在混凝土表面的积水应予清除。

(B) 注意施工缝位置附近回弯钢筋时，要做到钢筋周围的混凝土不受松动和损坏。钢筋上的油污、水泥砂浆及浮锈等杂物也应清除。

(C) 在浇筑前，水平施工缝宜先铺上10～15mm厚的水泥砂浆一层，其配合比与混凝土内的砂浆成分相同。

(D) 从施工缝处开始继续浇筑时。要注意避免直接靠近缝边下料。机械振捣前，宜向施缝处逐渐推进，并距80～100cm处停止振捣，但应加强对施工缝接缝的捣实工作，使其紧密结合。

(E) 承受动力作用的设备基础的施工缝处理，应遵守下列规定：

A) 标高不同的两个水平施工缝，其高低接合处应留成台阶形，台阶的高宽比不得大于1；

B) 在水平施工缝上继续浇筑混凝土前，应对地脚螺栓进行一次观测校正；

C) 垂直施工缝处应加插钢筋，其直径为12～16mm，长度为50～60cm，间距为50cm。在台阶式施工缝的垂直面上亦应补插钢筋。

3) 后浇带的设置

后浇带是为在现浇钢筋混凝土结构施工过程中,克服由于温度、收缩而可能产生有害裂缝而设置的临时施工缝。该缝需根据设计要求保留一段时间后再浇筑,将整个结构连成整体。

后浇带的设置距离,应考虑在有效降低温差和收缩应力的条件下,通过计算来获得。在正常的施工条件下,有关规范对此的规定是,如混凝土置于室内和土中,则为30m;如在露天,则为20m。

后浇带的宽度应考虑施工简便,避免应力集中。一般其宽度为70~100cm。后浇带内的钢筋应完好保存。后浇带的构造见图3-13。

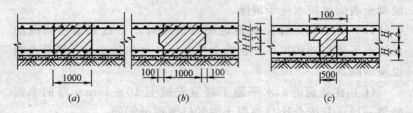

图 3-13 后浇带构造图
(a) 平接式;(b) 企口式;(c) 台阶式

后浇带在浇筑混凝土前,必须将整个混凝土表面按照施工缝的要求进行处理。填充后浇带混凝土可采用微膨胀或无收缩水泥拌制,也可采用普通水泥加入相应的外加剂拌制,但必须要求填筑混凝土的强度等级比原结构强度提高一级,并保持至少15d的湿润养护。后浇带混凝土施工温度应低于两侧混凝土施工时温度,而且宜选择在室温降低的季节施工。(后浇带混凝土浇筑完毕后,其养护时间不应少于28d。)

(3) 框架浇筑

1) 多层框架按分层分段施工。水平方向以结构平面的伸缩缝分段,垂直方向按结构层次分层。在每层中先浇筑柱,再浇筑梁、板。

浇筑一排柱的顺序应从两端同时开始，向中间推进，以免因浇筑混凝土后由于模板吸水膨胀，断面增大而产生横向推力，最后使柱发生弯曲变形。

柱子浇筑宜在梁板模板安装后。钢筋未绑扎前进行，以便利用梁板模板稳定柱模和作为浇筑柱混凝土操作平台之用。

2）浇筑混凝土时应连续进行，如必须间歇时，应按表 3-4 规定执行。

3）浇筑混凝土时，浇筑层的厚度不得超过表 3-3 的数值。

4）混凝土浇筑过程中，要分批做坍落度试验，如坍落度与原规定不符时，应予调整配合比。

5）混凝土浇筑过程中，要保证混凝土保护层厚度及钢筋位置的正确性。不得踩踏钢筋，不得移动预埋件和预留孔洞的原来位置，如发现偏差和位移，应及时校正。特别要重视竖向结构的保护层和板、雨篷结构负弯矩部分钢筋的位置。

6）在竖向结构中浇筑混凝土时，应遵守下列规定：

（A）柱子应分段浇筑，边长大于 40cm 且无交叉箍筋时，每段的高度不应大于 3.5m。

（B）墙与隔墙应分段浇筑，每段的高度不应大于 3m。

（C）采用竖向串筒导送混凝土时，竖向结构的浇筑高度可不加限制。

凡柱断面在 40cm×40cm 以内，并有交叉箍筋时，应在柱模侧面开不小于 30cm 高的门洞，装上斜溜槽分段浇筑，每段高度不得超过 2m。

（D）分层施工开始浇筑上一层柱时，底部应先填以 5~10cm 厚水泥砂浆一层，其成分与浇筑混凝土内砂浆成分相同，以免底部产生蜂窝现象。

在浇筑剪力墙、薄墙、立柱等狭深结构时，为避免混凝土浇筑至一定高度后，由于积聚大量浆水而可能造成混凝土强度不匀的现象，宜在浇筑到适当的高度时，适量减少混凝土的配合比用水量。

7) 肋形楼板的梁板应同时浇筑，浇筑方法应先将梁根据高度分层浇捣成阶梯形，当达到板底位置时即与板的混凝土一起浇捣，随着阶梯形的不断延长，则可连续向前推进（图3-14）。倾倒混凝土的方向应与浇筑方向相反（图3-15）。

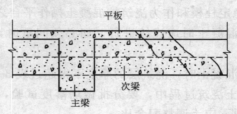

图3-14　梁、板同时浇筑方法示意图

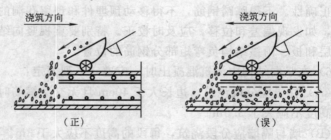

图3-15　混凝土倾倒方向

当梁的高度大于1m时，允许单独浇筑，施工缝可留在距板底面以下2～3cm处。

8) 浇筑无梁楼盖时，在离柱帽下5cm处暂停，然后分层浇筑柱帽，下料必须倒在柱帽中心，待混凝土接近楼板底面时，即可连同楼板一起浇筑。

9) 当浇筑柱梁及主次梁交叉处的混凝土时，一般钢筋较密集。特别是上部负钢筋又粗又多。因此，既要防止混凝土下料困难，又要注意砂浆挡住石子下不去。必要时，这一部分可改用细石混凝土进行浇筑，与此同时，振捣棒头可改用片式并辅以人工捣固配合。

10) 梁板施工缝可采用企口式接缝或垂直立缝的做法，不宜留坡槎。

在预定留施工缝的地方，在板上按板厚放一木条，在梁上闸以木板，其中间要留切口通过钢筋。

（三）预应力钢筋混凝土结构工程

预应力混凝土，与钢筋混凝土比较，具有构件截面小、自重轻、刚度大、抗裂度高、耐久性好、材料省等优点，但预应力混凝土施工，需要专门的材料与设备、特殊的工艺、单价较高。在大开间、大跨度与重荷载的结构中，采用预应力混凝土结构，可减少材料用量，扩大使用功能，综合经济效益好，在现代结构中具有广阔的发展前景。

预应力混凝土按预应力度大小可分为：全预应力混凝土和部分预应力混凝土。全预应力混凝土是在全部使用荷载下受拉边缘不允许出现拉应力的预应力混凝土，适用于要求混凝土不开裂的结构。部分预应力混凝土是在全部使用荷载下受拉边缘允许出现一定的拉应力或裂缝的混凝土，其综合性能较好，费用较低，适用面广。

预应力混凝土按施工方式不同可分为：预制预应力混凝土、现浇预应力混凝土和叠合预应力混凝土等。按预加应力的方法不同可分为：先张法预应力混凝土和后张法预应力混凝土。先张法是在混凝土浇筑前张拉钢筋，预应力是靠钢筋与混凝土之间的粘结力传递给混凝土。后张法是在混凝土达到一定强度后张拉钢筋，预应力靠锚具传递给混凝土。在后张法中，按预应力筋粘结状态又可分为：有粘结预应力混凝土和无粘结预应力混凝土。前者在张拉后通过孔道灌浆使预应力筋与混凝土相互粘结；后者由于预应力筋涂有油脂，预应力只能永久地靠锚具传递给混凝土。

我国预应力技术是在 20 世纪 50 年代后期起步的，当时采用冷拉钢筋作预应力筋，生产预制预应力混凝土屋架、吊车梁等工业厂房构件。70年代在民用建筑中推广冷拔低碳钢丝配筋的预制预应力混凝土中小型构件。80年代，结合我国现代多层工业厂房与大型公共建筑发展的需要，高强预应力钢材（高强钢丝与钢绞线）配筋的现代预应力混凝土出现，我国预应力技术从单个构件发展到预应力混凝土结构新阶段。在建筑工程中，预应力混凝土结构体系主要有：部分预应力混凝土现浇框架结构体系，无粘结预应力混凝土现浇楼板结构体系，在特种构筑物中，预应力混凝土电视塔、安全壳、筒仓、贮液池等也相继建成。此外。预应力技术在房屋加固与改造中也得到推广应用。

近几年来，随着我国大跨度公共建筑兴建的需要，预应力技术与空间钢结构相结合，创造出预应力网架、网壳、索网、索拱、索膜、斜拉等结构新体系，充分发挥受拉杆件的潜力，结构轻盈，时代感强。

四、钢 筋 工 程

钢筋工程，主要包括钢筋的进场检验、加工、成型和绑扎安装，冷加工及焊接以及配料、代换等施工过程。

（一）钢筋的主要技术性能

钢筋的技术性质主要包括力学性能和工艺性能两个方面。力学性能主要包括抗拉性能、冲击韧性、疲劳强度和硬度等，工艺性能主要包括冷弯性能和焊接性能，是检验钢筋的重要依据。只有了解、掌握钢筋的各种性能，才能正确、经济、合理地选择和使用钢筋。

1. 力学性能

（1）抗拉性能

拉伸是建筑钢筋的主要受力形式，所以抗拉性能是表示钢筋性能和选用钢筋的重要指标。将低碳钢（软钢）制成一定规格的试件，放在材料试验机上进行拉伸试验，可以绘出如图 4-1 所示的应力-应变关系曲线。钢筋的抗拉性能就可以通过该图来阐明。从图 4-1 中可以看出，低碳钢受力拉至拉断，全过程可划分为四个阶段：即弹性阶段（$O \rightarrow A$）、屈服阶段（$A \rightarrow B$）、强化阶段（$B \rightarrow C$）和颈缩断裂阶段（$C \rightarrow D$）。

1）弹性阶段

曲线中 OA 段是一条直线，应力与应变成正比。如卸去外力，试件能恢复原来的形状，这种性质即为弹性，此阶段的变形为弹性变形。与 A 点对应的应力称为弹性极限，以 σ_p 表示。应

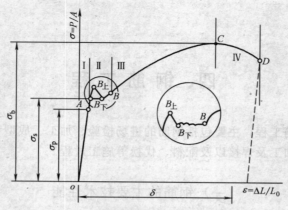

图 4-1 低碳钢受拉的应力-应变图

力与应变的比值为常数,即弹性模量(E),$E=\sigma/\varepsilon$。弹性模量反映钢筋抵抗弹性变形的能力,是钢筋在受力条件下计算结构变形的重要指标。

2) 屈服阶段

应力超过 A 点后,应力、应变不再成正比关系,开始出现塑性变形。应力的增长滞后于应变的增长,当应力达 $B_上$ 点后(上屈服点),瞬时下降至 $B_下$ 点(下屈服点),变形迅速增加,而此时外力则大致在恒定的位置上波动,直到 B 点,这就是所谓的"屈服现象",似乎钢材不能承受外力而屈服,所以 AB 段称为屈服阶段。与 $B_下$ 点(此点较稳定,易测定)对应的应力称为屈服点(或屈服强度),用 σ_s 表示。

钢筋受力大于屈服点后,会出现较大的塑性变形,已不能满足使用要求,因此屈服强度是设计上钢筋强度取值的依据,是工程结构计算中非常重要的一个参数。

3) 强化阶段

当应力超过屈服强度后,由于钢筋内部组织中的晶格发生了畸变,阻止了晶格进一步滑移,钢筋得到强化,所以钢筋抵抗塑性变形的能力又重新提高,$B→C$ 呈上升曲线,称为强化阶段。

对应于最高点 C 的应力值（σ_b）称为极限抗拉强度，简称抗拉强度。

显然，σ_b 是钢材受拉时所能承受的最大应力值。屈服强度和抗拉强度之比（即屈强比=σ_s/σ_b）能反映钢材的利用率和结构安全可靠程度。计算中屈强比取值越小，其结构的安全可靠程度越高，但屈强比过小，又说明钢材强度的利用率偏低，造成钢材浪费。建筑结构钢合理的屈强比一般为 0.60～0.75。

4）颈缩阶段

试件受力达到最高点 C 点后，其抵抗变形的能力明显降低，变形迅速发展，应力逐渐下降，试件被拉长，在有杂质或缺陷处，断面急剧缩小，直到断裂。故 CD 段称为颈缩阶段。将拉断后的试件拼合起来。测定出标距范围内的长度 L_1（mm），L_1 与试件原标距 L_0（mm）之差为塑性变形值，它与 L_0 之比称为伸长率，如图 4-2 所示。伸长率按式（4-1）计算：

$$\delta = \frac{L_1 - L_0}{L_0} \times 100\% \qquad (4-1)$$

伸长率 δ 是衡量钢筋塑性的一个重要指标，δ 越大说明钢筋的塑性越好，而强度较低。具有一定的塑性变形能力，可保证应力重新分布，避免应力集中，从而使钢筋用于结构的安全性大。

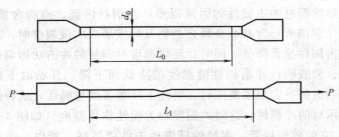

图 4-2　钢筋拉伸试件

塑性变形在试件标距内的分布是不均匀的，颈缩处的变形最大，离颈缩部位越远其变形越小。所以，原标距与直径之比越小，

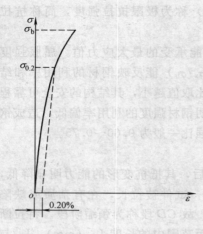

图 4-3 中碳钢与高碳钢（硬钢）的拉伸曲线

则颈缩处伸长值在整个伸长值中的比重越大，计算出来的 δ 值就大。通常以 δ_5 和 δ_{10}（分别表示 $L_0 = 5d_0$ 和 $L_0 = 10d_0$ 时的伸长率）为基准。对于同一种钢筋，其 δ_5 大于 δ_{10}。

中碳钢与高碳钢（硬钢）的拉伸曲线与低碳钢不同，屈服现象不明显，难以测定屈服点，则规定产生残余变形为原标距长度的 0.2% 时所对应的应力值，作为硬钢的屈服强度，称为条件屈服点，用 $\sigma_{0.2}$ 表示。如图 4-3 所示。

(2) 冲击韧性

韧性是指钢筋抵抗冲击荷载而不被破坏的能力。它是以试件冲断时缺口处单位面积上所消耗的功（J/mm^2）来表示，其符号为 a_k。试验时将试件放置在固定支座上，然后以摆锤冲击试件刻槽的背面，使试件承受冲击弯曲而断裂，如图 4-4 所示。显然，a_k 值越大，钢材的冲击韧性越好。

影响钢材冲击韧性的因素很多，当钢材内硫、磷的含量高，存在化学偏析，含有非金属夹杂物及焊接形成的微裂纹时，都会使冲击韧性显著降低。同时，环境温度对钢材的冲击功影响也很大。试验表明：冲击韧性随温度的降低而下降，开始时下降缓和，当达到一定温度范围时，突然下降很多而呈脆性，这种性质称为钢材的冷脆性。这时的温度称为脆性临界温度（如图 4-5 所示）。它的数值越低，钢材的低温冲击性能越好。所以，在负温下使用的结构，应当选用脆性临界温度较使用温度低的钢筋。由于脆性临界温度的测定较复杂，故规范中通常是根据气温条件规定 -20℃ 或 -40℃ 的负温冲击值指标。

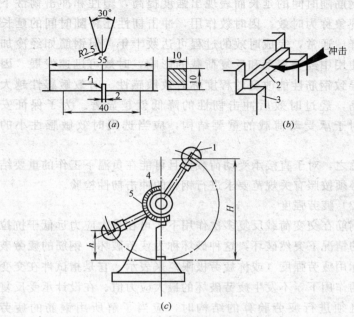

图 4-4 冲击韧性试验图

(a) 试件尺寸（mm）；(b) 试验装置；(c) 试验机

1—摆锤；2—试件；3—试验台；5—刻度盘；
H—摆锤扬起高度；h—摆锤向后摆动高度

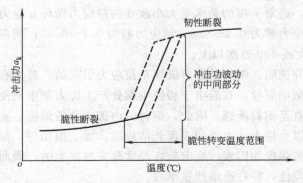

图 4-5 钢的脆性转变温度

钢筋随时间的延长而表现出强度提高，塑性和冲击韧性下降的现象称为时效。因时效作用，冲击韧性还将随时间的延长而下降。通常，完成时效的过程可达数十年，但钢筋如经冷加工或使用中经受振动和反复荷载的影响，时效可迅速发展。因时效导致钢筋性能改变的程度称时效敏感性。时效敏感性越大的钢筋，经过时效后冲击韧性的降低就越显著。为了保证安全，对于承受动荷载的重要结构，应当选用时效敏感性小的钢材。

总之，对于直接承受动荷载而且可能在负温下工作的重要结构，必须按照有关规范要求进行钢材的冲击韧性检验。

(3) 疲劳强度

钢筋在交变荷载反复多次作用下，可在最大应力远低于抗拉强度的情况下突然破坏，这种破坏称为疲劳破坏。钢筋的疲劳破坏指标用疲劳强度（或称疲劳极限）来表示，它是指试件在交变应力的作用下，不发生疲劳破坏的最大应力值。在设计承受反复荷载且须进行疲劳验算的结构时，应当了解所用钢筋的疲劳强度。

测定疲劳强度时，应根据结构使用条件确定采用的应力循环类型（如拉—拉型、拉—压型等）、应力比值（最小与最大应力之比，又称应力特征值 ρ）和周期基数。例如，测定钢筋的疲劳极限时，通常采用的是承受大小改变的拉应力循环；应力比值通常非预应力筋为 $0.1 \sim 0.8$，预应力筋为 $0.7 \sim 0.85$；周期基数为 200 万次或 400 万次以上。

研究证明，钢筋的疲劳破坏是拉应力引起的，首先在局部开始形成微细裂纹，其后由于裂纹尖端处产生应力集中而使裂纹迅速扩展直至钢材断裂。因此，钢材的内部成分的偏析、夹杂物的多少，以及最大应力处的表面光洁程度、加工损伤等，都是影响钢材疲劳强度的因素。疲劳破坏经常是突然发生的，因而具有很大的危险性，往往造成严重事故。

(4) 硬度

硬度是指金属材料抵抗硬物压入表面局部体积的能力。亦即材料表面抵抗塑性变形的能力。

测定钢材硬度采用压入法。即以一定的静荷载（压力），通过压头压在金属表面，然后测定压痕的面积或深度来确定硬度（如图 4-6）。按压头或压力不同，有布氏法、洛氏法等，相应的硬度试验指标叫布氏硬度（HB）和洛氏硬度（HR）。较常用的方法是布氏法，其硬度指标是布氏硬度值。

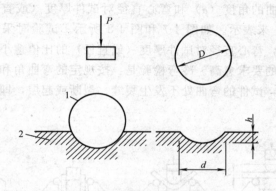

图 4-6　布氏硬度试验原理图
1—钢球；2—试件；P—钢球上荷载；D—钢球直径；
d—压痕直径；h—压痕深度

布氏法的测定原理是：用直径为 D（mm）的淬火钢球以 P（N）的荷载将其压入试件表面，经规定的持续时间后卸荷，即得直径为 d（mm）的压痕，以压痕表面积 F（mm²）除荷载 P，所得的应力值即为试件的布氏硬度值 HB，以数字表示，不带单位。图 4-6 为布氏硬度测定示意图。

各类钢材的 HB 值与抗拉强度之间有较好的相关关系。材料的强度越高，塑性变形抵抗力越强，硬度值也就越大。对于碳素钢，当 HB＜175 时，$\sigma_b \cong 3.6$HB；HB＞175 时，$\sigma_b \cong 3.5$HB。根据这一关系可在钢结构上测出钢筋的 HB 值，并估算该钢筋的 σ_b。

2. 工艺性能

良好的工艺性能,可以保证钢筋顺利通过各种加工,而使钢筋的质量不受影响。冷弯、冷拉、冷拔及焊接性能均是钢筋的重要工艺性能。

(1) 冷弯性能

冷弯性能是指钢筋在常温下承受弯曲变形的能力。其指标是以试件弯曲的角度(α)和弯心直径对试件厚度(或直径)的比值(d/a)来表示。如图 4-7 和图 4-8 所示。试验时采用的弯曲角度愈大,弯心直径对试件厚度(或直径)的比值愈小,表示对冷弯性能的要求愈高。冷弯检验是:按规定的弯曲角和弯心直径进行试验,试件的弯曲处不发生裂缝、裂断或起层,即认为冷弯性能合格。

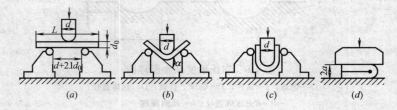

图 4-7 钢筋冷弯

(a) 试件安装;(b) 弯曲 90°;(c) 弯曲 180°;(d) 弯曲至两面重合

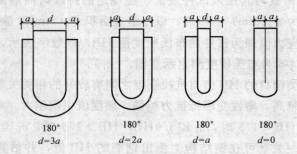

图 4-8 钢筋冷弯规定弯心

通过冷弯试验钢筋局部发生非均匀变形，更有助于暴露钢筋的某些内在缺陷。相对于伸长率而言，冷弯是对钢筋塑性更严格的检验，它能揭示钢筋内部是否存在组织不均匀、内应力和夹杂物等缺陷。冷弯试验对焊接质量也是一种严格的检验，能揭示焊件在受弯表面是否存在未熔合、微裂纹及夹杂物等缺陷。

(2) 焊接性能

焊接是各种型钢、钢板、钢筋的重要连接方式。建筑工程的钢结构有90%以上是焊接结构。焊接的质量取决于焊接工艺、焊接材料及钢的焊接性能。

钢材的可焊性，是指钢材是否适应用通常的方法与工艺进行焊接的性能。可焊性好的钢材，指易于用一般焊接方法和工艺施焊，焊口处不易形成裂纹、气孔、夹渣等缺陷；焊接后钢材的力学性能，特别是强度不低于原有钢材，硬脆倾向小。

钢材可焊性能的好坏，主要取决于钢的化学成分。钢的含碳量高将增加焊接接头的硬脆性，含碳量小于0.25%的碳素钢具有良好的可焊性。加入合金元素（如硅、锰、钒、钛等），也将增大焊接处的硬脆性，降低可焊性，特别是硫能使焊接产生热裂纹及硬脆性。

选择焊接结构用钢，应注意选含碳量较低的氧气转炉或平炉镇静钢。对于高碳钢及合金钢，为了改善可焊性，焊接时一般需要采用焊前预热及焊后热处理等措施。

焊接过程的特点是：在很短的时间内达到很高的温度，金属熔化的体积很小，由于金属传热快，故冷却的速度很快。因此，在焊件中常产生复杂的、不均匀的反应和变化，存在剧烈的膨胀和收缩。所以，易产生变形、内应力，甚至导致裂缝。

钢筋焊接应注意的问题是：冷拉钢筋的焊接应在冷拉之前进行；钢筋焊接之前，焊接部位应清除铁锈、熔渣、油污等；应尽量避免从不同国家进口的钢筋之间或进口钢筋与国产钢筋之间的焊接。

（二）钢的化学成分及其对钢性能的影响

钢的主要化学成分是铁，但铁的强度低，需要加入其他化学成分来改善其性能。加入的主要化学成分有少量的碳（C）、硅（Si）、锰（Mn）、磷（P）、硫（S）、氧（O）、氮（N）、钛（Ti）等元素，这些元素含量很少，但对钢材性能影响很大。

1. 碳（C）

碳是决定钢性能的最重要元素，它对钢材力学性能的影响很大（如图 4-9）。在铁中加入适量的碳可以提高强度。依含碳量的大小，可分为低碳钢（含碳量≤0.25%）、中碳钢（含碳量为 0.26%～0.60%）和高碳钢（含碳量>0.6%）。在一定范围内提高含碳量，虽能提高钢筋强度，但同时却使塑性降低，可焊性变差。试验表明：当钢中含碳量在 0.8%以下时，随含碳量增加，钢的强度和硬度提高，塑性和韧性下降；对于含碳量大于 0.8%

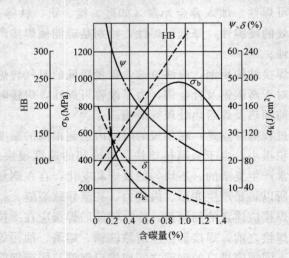

图 4-9　含碳量对热轧碳素钢性能的影响

的钢，其焊接性能会显著下降。在建筑工程中主要使用低碳钢和中碳钢。

2. 硅（Si）

硅在钢中是有益元素，炼钢时起脱氧作用。硅是我国钢筋钢的主加合金元素，它的作用主要是提高钢的机械强度。通常碳素钢中硅含量小于 0.3%，低合金钢硅含量小于 1.8%。

3. 锰（Mn）

在钢中加入少量的锰元素可提高钢的强度，并能保持一定的塑性。锰在钢中也是有益元素，炼钢时可起到脱氧去硫作用，可消减硫所引起的热脆性，改善钢材的热加工性能，同时能提高钢材的强度和硬度。当含锰小于 1.0% 时，对钢的塑性和韧性影响不大。锰是我国低合金结构钢的主加合金元素，其含量一般在 1%～2% 范围内，它的作用主要是改善钢内部结构，提高强度。热轧圆盘条用低碳钢含 Mn0.25%～0.7%；而热轧带肋钢筋用钢含 Mn 约 1.2%～1.6%。当含锰量达 11%～14% 时，称为高锰钢，具有较高的耐磨性。

4. 磷（P）

磷是钢中很有害的元素之一。磷含量增加，钢材的塑性和韧性显著下降。特别是低温下冲击韧性下降更为明显。常把这种现象称为冷脆性。磷也使钢的冷弯性能和可焊性显著降低。但磷可提高钢的强度、硬度、耐磨性和耐蚀性，故在低合金钢中可配合其他元素如铜（Cu）作合金元素使用。建筑用钢一般要求含磷量小于 0.045%。

5. 硫（S）

硫也是很有害的元素，能够降低钢材的各种机械性能。硫在钢的热加工时易引起钢的脆裂，常称为热脆性。硫的存在还使钢的可焊性、冲击韧性、疲劳强度和耐腐蚀性等均降低，即使微量的硫元素存在也对钢有害，因此硫的含量要严格控制。建筑钢材要求硫含量应小于0.045%。

6. 氧（O）、氮（N）

氧、氮也是钢中有害元素，它们显著降低钢的塑性和韧性，以及冷弯性能和可焊性能。

7. 铝（Al）、钛（Ti）、钒（V）

均是强脱氧剂，也是合金钢常用的合金元素。适量加入钢内，可改善钢的组织，细化晶粒，能显著提高强度和改善韧性，但稍降低塑性。

钢筋出现下列情况之一时，必须作化学成分检验：
（1）无出厂证明书或钢种钢号不明确时；
（2）有焊接要求的进口钢筋；
（3）在加工过程中，发生脆断、焊接性能不良和机械性能显著不正常的。

（三）钢筋的分类

建筑用钢筋，要求具有较高的强度，良好的塑性，并便于加工和焊接。钢筋混凝土结构所用的钢筋种类很多，通常有以下几种分类方法：

1. 按其生产工艺分类

建筑工程所用钢筋种类，按其加工工艺分为：热轧钢筋、冷拉钢筋、热处理钢筋、冷轧带肋钢筋、冷轧扭钢筋、钢丝及钢绞线等。常用的钢丝有碳素钢丝、刻痕钢丝、冷拔低碳钢丝三类，而冷拔低碳钢丝又分为甲级和乙级，一般皆卷成圆盘。钢绞线一般由7根圆钢丝捻成，钢丝为高强钢丝。

2. 按钢筋强度分类

对于热轧钢筋,《混凝土结构设计规范》(GB 50010—2002)按其强度分为 HPB235、HRB335、HRB400 和 RRB400 四级。其中数字前面的英文字母分别表示生产工艺、表面形状和钢筋;而数字则表示钢筋的强度标准值。例如 HPB235,H 表示热轧钢筋,P 表示光圆,B 表示钢筋,235 表示强度标准值为 235N/mm²。HPB235 级钢筋就是《混凝土结构设计规范》(GBJ 10—89) 中的 I 级钢筋,钢筋符号为φ。HRB335 表示热轧带肋钢筋,屈服强度标准值为 335N/mm²,HRB335 级钢筋就是《混凝土结构设计规范》(GBJ 10—89) 中的 II 级钢筋,符号为Φ。HRB400 表示热轧带肋钢筋,屈服强度标准值为 400N/mm²,HRB400 级钢筋就是现行国家标准《钢筋混凝土用热轧带肋钢筋》(GB 1499—98) 中的 HRB400 钢筋,钢筋符号为Φ。RRB400 表示余热处理带肋钢筋,强度标准值为 400N/mm²,RRB400 级钢筋就是现行国家标准《钢筋混凝土用余热处理钢筋》(GB 13014—91) 中的 KL400 钢筋,符号为Φ^R。热轧带肋钢筋强度高,广泛应用于大、中型钢筋混凝土结构的受力钢筋。

普通钢筋强度标准值 (N/mm²)

种类		原等级	符号	d(mm)	f_{yk}
热轧钢筋	HPB235	I	φ	8～20	235
	HRB335	II	Φ	6～50	335
	HRB400	III	Φ	6～50	400
	RRB400	III^R	Φ^R	8～40	400

注:l—热轧钢筋直径;d 系指公称直径。

3. 按钢筋在构件中的作用分类(如图 4-10 (a)、(b))

(1) 受力钢筋:是指在外部荷载作用下,通过计算得出的构件所需配置的钢筋,包括受拉钢筋、受压钢筋、弯起钢筋等。

(2) 构造钢筋:因构件的构造要求和施工安装需要配置的钢筋,如架立筋、分布筋、箍筋等都属于构造钢筋。

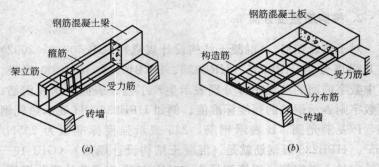

图 4-10
(a) 钢筋混凝土梁；(b) 钢筋混凝土板

（四）钢筋的验收与存放

1. 钢筋的验收

钢筋混凝土结构中所用的钢筋，都应有出厂质量证明书或试验报告单，每捆（盘）钢筋均应有标牌。进场时应按批号及直径分批验收。验收的内容包括查对标牌、外观检查，并按现行国家标准的规定抽取试样作力学性能试验，合格后方可使用。

热轧钢筋的外观检查，要求钢筋表面不得有裂缝、结疤和折叠，钢筋表面允许有凸块，但不得超过横肋的最大高度。钢筋的外形尺寸应符合规定。

热轧钢筋的力学性能检验以同规格、同炉罐（批）号的不超过60t钢筋为一批，每批钢筋中任选两根，每根取两个试样分别进行拉力试验（测定屈服强度、抗拉强度和伸长率三项指标）和冷弯试验（以规定弯心直径和弯曲角度检查冷弯性能）。如有一项试验结果不符合规定，则从同批中另取双倍数量的试样重作各项试验。如仍有一个试样不合格，则该批钢筋为不合格品，应降级使用。

在使用过程中，对热轧钢筋的质量有疑问或类别不明时，使用前应作拉力和冷弯试验。根据试验结果确定钢筋的类别后，才允许使用。抽样数量应根据实际情况确定。这种钢筋不宜用于主要承重结构的重要部位。热轧钢筋在加工过程中发现脆断、焊接性能不良或力学性能显著不正常等现象时，应进行化学成分分析或其他专项检验。

冷拉钢筋以不超过20t的同级别、同直径的冷拉钢筋为一批，从每批中抽取两根钢筋，每根截取两个试样分别进行拉力试验和冷弯试验。冷拉钢筋的外观不得有裂纹和局部缩颈。

冷拔低碳钢丝分甲级和乙级两种。甲级钢丝逐盘检验，从每盘钢丝上任一端截去不少于500mm后再取两个试样，分别做拉力和冷弯试验。乙级钢丝可分批抽样检验，以同一直径的钢丝5t为一批，从中任取三盘，每盘各截取两个试样，分别做拉力和冷弯试验。钢丝外观不得有裂纹和机械损伤。

冷轧带肋钢筋以不大于50t的同级别、同一钢号、同一规格为一批。每批抽取5%（但不少于5盘）进行外形尺寸、表面质量和重量偏差的检查，如其中有一盘不合格，则应对该批钢筋逐盘检查。力学性能应逐盘检验，从每盘任一端截去500mm后取两个试样分别作拉力试验和冷弯试验，如有一项指标不合格，则该盘钢筋判为不合格。

对有抗震要求的框架结构纵向受力钢筋进行检验，所得的实测值应符合下列要求：①钢筋的抗拉强度实测值与屈服强度实测值的比值不应小于1.25；②钢筋的屈服强度实测值与钢筋强度标准值的比值，不应大于1.3。

2. 钢筋的存放

当钢筋运进施工现场后，必须严格按批分等级、牌号、直径、长度挂牌存放，并注明数量，不得混淆。钢筋应尽量堆入仓库或料棚内。条件不具备时，应选择地势较高，土质坚实，较为平坦的露天场地存放。在仓库或场地周围挖排水沟，以利泄水。

堆放时钢筋下面要加垫木，离地不宜少于200mm，以防钢筋锈蚀和污染。钢筋成品要分工程名称和构件名称，按号码顺序存放。同一项工程与同一构件的钢筋要存放在一起，按号挂牌排列，牌上注册构件名称、部位、钢筋类型、尺寸、钢号、直径、根数，不能将几项工程的钢筋混放在一起。同时不要和产生有害气体的车间靠近，以免污染和腐蚀钢筋。

（五）钢筋的加工

钢筋一般在钢筋车间加工，然后运至现场绑扎或安装。其加工过程一般有冷拉、冷拔、调直、切断、除锈、弯曲成型、绑扎、焊接等。钢筋加工过程如图4-11所示。

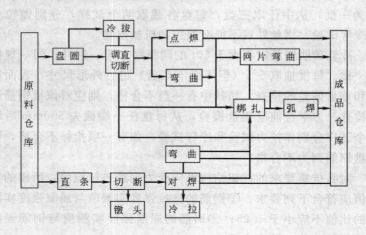

图4-11 钢筋加工过程

1. 钢筋冷加工

将钢筋在常温下进行冷加工如冷拉、冷拔或冷轧，使之产生塑性变形，从而提高屈服强度，这个过程称为冷加工强化处理。经强化处理后钢筋的塑性和韧性降低。由于塑性变形中产生内应力,故钢筋的弹性模量降低。

建筑工地或预制构件厂常利用该原理对钢筋或低碳盘条按一定制度进行冷拉或冷拔加工,以提高屈服强度,节约钢材。

(1) 钢筋冷拉

钢筋冷拉是在常温下,以超过钢筋屈服强度的拉应力拉伸钢筋,使钢筋产生塑性变形,以提高强度,节约钢材。冷拉时,钢筋被拉直,表面锈渣自动剥落,因此冷拉不但可以提高强度,而且还可以同时完成调直、除锈工作。冷拉HPB235级钢筋适用于钢筋混凝土结构的受拉钢筋,冷拉HRB335、HRB400、RRB400级钢筋可用作预应力混凝土结构的预应力钢筋。

1) 冷拉原理

钢筋冷拉原理如图4-12所示,图中$abcd$为钢筋的拉伸特性曲线。冷拉时,拉应力超过屈服点b达到c点,然后卸荷。由于钢筋已产生塑性变形,卸荷过程中应力应变沿co_1降至o_1点。如再立即重新拉伸,应力应变图将沿o_1cde变化,并在高于c

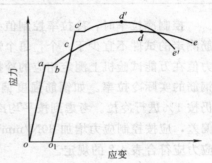

图4-12 钢筋拉伸曲线

点附近出现新的屈服点b,这种现象称为"变形硬化"。其原因是冷拉过程中,钢筋内部结晶面滑移,晶格变化,内部组织发生变化,因而屈服强度提高,塑性降低,弹性模量也降低。

钢筋冷拉后有内应力存在,内应力会促进钢筋内的晶体组织调整,经过调整,屈服点又进一步提高。该晶体组织调整过程称为"时效"。钢筋经冷拉和时效后的拉伸特性曲线即为$o_1c'd'e'$。该晶体组织调整过程在常温下需15～20d(称自然时效),但在100℃温度下只需2h即完成,因而为了加快时效可利用蒸汽、电热等手段进行人工时效。

2) 冷拉控制方法

钢筋冷拉控制可用控制应力或控制冷拉率的方法。

控制应力时,控制应力值见表 4-1。冷拉后检查钢筋冷拉率,如果超过表 4-2 规定的数值时,则应进行力学性能试验。冷拉钢筋做预应力筋时,宜采用控制应力的方法。

钢筋冷拉控制应力及最大冷拉率　　　表 4-1

项次	钢筋级别	冷拉控制应力(N/mm^2)	最大冷拉率(%)
1	HPB235 级	280	10
2	HRB335 级	450	5.5
3	HRB400 和 RRB400 级	500	5
4	HRB500 级	700	4

控制冷拉率时,冷拉率控制值必须由试验确定。对同炉批钢筋测定的试件不宜少于 4 个,每个试件都按表 4-1 规定的冷拉应力值在万能试验机上测定相应的冷拉率,取其平均值作为该炉批钢筋的实际冷拉率。如钢筋强度偏高,平均冷拉率低于 1% 时,仍按 1% 进行冷拉。考虑到按平均冷拉率冷拉后的抗拉强度标准偏差,应按控制应力增加 $30N/mm^2$。测定冷拉率时钢筋的冷拉应力应符合表 4-2 的规定。

测定冷拉率时钢筋的冷拉应力　　　表 4-2

项次	钢筋级别	冷拉应力(N/mm^2)
1	HRB235	320
2	HRB335	480
3	HRB400 和 RRB400	530
4	HRB500	730

注:HRB335 级钢筋直径大于 25mm 时,冷拉应力降为 460 (N/mm^2)。

不同炉批的钢筋,不宜用控制冷拉率的方法进行冷拉。多根连接的钢筋,用控制应力的法进行冷拉时,其控制应力和每根的冷拉率均应符合表 4-1 中的规定;当用控制冷拉率方法进行冷拉时,实际冷拉率按总长计,但多根钢筋中每根钢筋冷拉率不得超过表 4-1 的规定。

3) 冷拉设备及受力分析

钢筋冷拉工艺有两种：一种是采用卷扬机带动滑轮组作为冷拉动力的机械式冷拉工艺，如图 4-13 所示；另一种是采用长行程（1500mm 以上）的专用液压千斤顶和高压油泵的液压冷拉工艺。目前我国仍以前者为主，但后者更有发展前途。

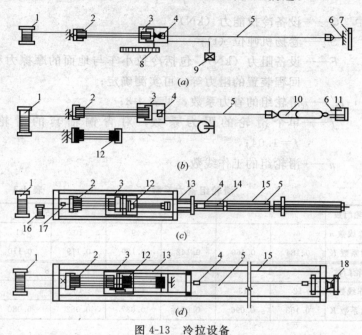

图 4-13 冷拉设备

1—卷扬机；2—滑轮组；3—冷拉小车；4—夹具；5—被冷拉的钢筋；6—地锚；
7—防护壁；8—标尺；9—回程荷重架；10—连接杆；11—弹簧测力器；
12—回程滑轮组；13—传力架；14—钢压柱；15—槽式台座；
16—回程卷扬机；17—电子秤；18—液压千斤顶

机械式冷拉工艺的冷拉设备，主要由拉力设备、承力结构、回程装置、测量设备和钢筋夹具组成。拉力设备为卷扬机和滑轮组，多用 3~5t 的慢速卷扬机，通过滑轮组增大牵引力。设备的冷拉能力要大于所需的最大拉力，所需的最大拉力等于进行冷拉的最大直径钢筋截面积乘以冷拉控制应力，同时还要考虑滑轮与地面的摩擦阻力及回程装置的阻力。设备的冷拉能力按式（4-2）或（4-3）计算：

$$Q = \frac{10S}{K'} - F \tag{4-2}$$

$$K' = \frac{f^{n-1}(f-1)}{f^n - 1} \tag{4-3}$$

式中　Q——设备冷拉能力（kN）；
　　　S——卷扬机吨位（t）；
　　　F——设备阻力（kN），包括冷拉小车与地面的摩擦力和回程装置的阻力等，可实测确定；
　　　K'——滑轮组的省力系数，见表 4-3；
　　　f——单个滑轮的阻力系数，对青铜轴套的滑轮，$f=1.04$；
　　　n——滑轮组的工作线数。

滑轮组省力系数 K'　　　　　表 4-3

滑轮门数	3		4		5	
工作线数 n	6	7	8	9	10	11
省力系数 K'	0.184	0.160	0.142	0.129	0.119	0.110
滑轮门数	6		7		8	
工作线数 n	12	13	14	15	16	17
省力系数 K'	0.103	0.096	0.091	0.087	0.082	0.080

承力结构可采用地锚，冷拉力大时宜采用钢筋混凝土冷拉槽，回程装置可用荷重架回程或卷扬机滑轮组回程。测力设备常用液压千斤顶或用装传感器和示力仪的电子秤。当电子秤或液压千斤顶设备在张拉端定滑轮处时，如图 4-14 所示，测力计负荷 P 可按式（4-4）或（4-5）计算：

$$P = (1 - K')(\sigma_{\text{con}} A_s / 1000 + F) \text{ (kN)} \tag{4-4}$$

式中　σ_{con}——钢筋冷拉控制应力（N/mm²）；
　　　A_s——冷拉钢筋的截面积（mm²）。

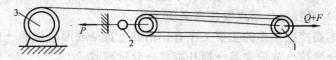

图 4-14 设备能力计算简图

1—滑轮组；2—电子秤传感器；3—卷扬机

当测力计设置在固定端时：

$$P = \sigma_{con} A_s / 1000 - F' \quad (kN) \qquad (4-5)$$

式中　F'——由固定端连接器及测力装置产生的摩擦阻力（kN）。

4) 钢筋冷拉参数

(A) 冷拉力，N_{con}　计算冷拉力的作用：一是确定按控制应力冷拉时的油压表读数；二是作为选择卷扬机的依据。计算用式 (4-6)，即：

$$N_{con} = A_s \cdot \sigma_{con} \qquad (4-6)$$

(B) 冷拉伸长率 (δ)

用式 (4-7) 计算，即：

$$\delta = \frac{L_1 - L}{L} \times 100\% = \frac{\Delta L}{L} \times 100\% \qquad (4-7)$$

式中　L——钢筋在冷拉前长度 (m)；

　　L_1——当冷拉力达到最大值时钢筋在拉紧状态下的长度 (m)；

　　ΔL——冷拉伸长值 (m)。

(C) 钢筋弹性回缩率 (δ_1)

用式 (4-8) 计算，即：

$$\delta_1 = \frac{L_1 - L_2}{L_1} \times 100\% \qquad (4-8)$$

式中　L_2——钢筋冷拉结束并放松后测得的长度（m）。

5）冷拉操作要点及注意事项

钢筋冷拉操作的主要工序有：钢筋上盘→放圈→切断→夹紧夹具→冷拉→放松夹具→捆扎堆放→分批验收。

（A）控制冷拉应力法的操作要点

A）交底　钢筋冷拉前应复核钢筋的冷拉吨位及相应的测力器读数、钢筋冷拉增长值，由技术人员对工人进行技术交底。

B）作标记　钢筋就位后拉伸至0％冷拉控制应力时停车，做好标记，作为钢筋拉长值起点。

C）测弹性回缩值　继续冷拉至规定控制应力时停车，将钢筋放松到10％控制应力，量出钢筋实际拉长值，然后完全放松钢筋，并测出其弹性回缩值。

D）记录　冷拉完毕，将各项数据及时填写在冷拉记录本上。

（B）控制冷拉率的操作要点：

A）作标记由冷拉率算出钢筋冷拉后的总长值，在冷拉线上做出准确、明显的标记，用以控制冷拉率。

B）将钢筋固定就位。

C）记录开动设备，当总拉长值到达标记处时，立刻停车，暂时放松夹具，取下钢筋，并记录各项数据。

D）钢筋冷拉不宜在低于－20℃的环境中进行。

（C）钢筋冷拉注意事项

A）钢筋冷拉前，应对测力器和各项冷拉数据进行检验和复核，以确保冷拉钢筋质量。

B）筋冷拉速度不宜过快（一般细钢筋为6～8m/min，粗钢筋为0.7～1.5m/min），待拉到规定控制应力或冷拉率后，须静停2～3min，然后再行放松，以免造成钢筋回缩值过大。

C）钢筋应先拉直（约为冷拉应力的10％），然后量其长度，再行冷拉。

D）预应力钢筋应先对焊后冷拉，以免因焊接而降低冷拉后的强度。如焊接接头被拉断,可重新焊接后再冷拉,但一般不超过两次。

E)钢筋在负温下进行冷拉时,其环境温度不得低于 -20℃。当采用冷拉率控制法进行钢筋冷拉时,冷拉率的确定与常温条件相同,当采用应力控制法进行钢筋冷拉时,冷拉应力应较常温提高 $30N/mm^2$。

F)冷拉线两端必须装置防护设施。冷拉时严禁在冷拉线两端站人,或跨越、触动正在冷拉的钢筋。

G)钢筋冷拉后,宜放置一段时间(7~15d)后使用。

(2)钢筋冷拔

钢筋冷拔是将直径 6~10mm 的 HPB235 级光圆钢筋在常温下通过特制的钨合金拔丝模进行强力冷拔,多次拉拔成比原钢筋直径小的钢丝,使钢筋产生塑性变形。

冷拉是纯拉伸的线应力,而冷拔是拉伸和压缩兼有的立体应力。钢筋通过拔丝模(如图 4-15)时,受到拉伸与压缩兼有的作用,使钢筋内部晶格变形而产生塑性变形,因而抗拉强度提高(可提高 50%~70%),塑性降低,呈硬钢性质。光圆钢筋经冷拔后称"冷拔低碳钢丝"。冷拔低碳钢丝分为甲、乙级,甲级钢丝主要用作预应力混凝土构件的预应力筋,乙级钢丝用于焊接网片和焊接骨架、架立筋、箍筋和构造钢筋。

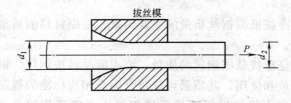

图 4-15 在拔丝模中冷拔的钢筋

钢筋冷拔的工艺过程是:轧头→剥壳→通过润滑剂进入拔丝模。如钢筋需连接则应冷拔前用对焊连接。钢筋冷拔时,对钢号不明或无出厂证明书的钢筋应先取样试验。

钢筋表面常有一硬渣层，易损坏拔丝模，并使钢筋表面产生沟纹，因而冷拔前要进行剥除渣壳，方法是使钢筋通过 3~6 个上下排列的辊子以剥除渣壳。润滑剂常用石灰、动植物油、肥皂、白蜡和水按一定配比制成。

冷拔用的拔丝机有立式（如图 4-16 所示）和卧式两种。其鼓筒直径一般为 500mm。冷拔速度为 0.2~0.3m/s，速度过大易断丝。

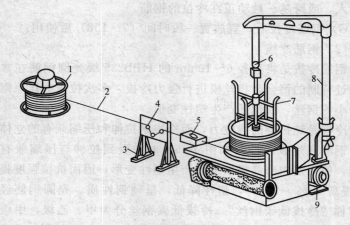

图 4-16　立式单鼓筒冷拔机

1—盘圆架；2—钢筋；3—剥壳装置；4—槽轮；5—拔丝模；
6—滑轮；7—绕丝筒；8—支架；9—电动机

影响冷拔低碳钢丝质量的主要因素，是原材料的质量和冷拔总压缩率。

为保证冷拔低碳钢丝的质量，要求原材料按钢厂、钢号、直径分别堆放和使用，其质量均应符合国家相应标准的规定。对主要用做预应力筋的甲级冷拔低碳钢丝，必须采用符合 HPB235 级钢筋标准的 Q235 钢圆盘条进行拔制。

冷拔总压缩率可按式（4-9）计算：

$$\beta = \frac{d_1^2 - d_2^2}{d_1^2} \times 100\% \tag{4-9}$$

式中 d_1——原材料钢筋直径（mm）；

d_2——成品钢丝直径。

总压缩率越大，则抗拉强度提高越多，而塑性降低越多。总压缩率不宜过大，直径 5mm 的冷拔低碳钢丝宜用 8mm 的盘条拔制；直径 4mm 和 4mm 以下者，宜用 5mm 的圆盘条拔制。

冷拔低碳钢丝有时是经多次冷拔而成，不一定是一次冷拔就达到总压缩率。每次冷拔的压缩率不宜太大，否则拔丝机的功率要大，拔丝模易损耗，且易断丝。一般前道钢丝和后道钢丝的直径之比以 1∶1.15 为宜。如由 $\phi 8$ 拔成 $\phi 5$，冷拔过程为：$\phi 8 \rightarrow \phi 7 \rightarrow \phi 6.3 \rightarrow \phi 5.7 \rightarrow \phi 5$。冷拔次数亦不应过多，否则易使钢丝变脆。

2. 钢筋加工

除冷加工外，钢筋加工还包括调直、除锈、切断、弯曲成型等。

（1）钢筋调直

弯曲不直的钢筋在混凝土中不能与混凝土共同工作而导致混凝土出现裂缝，以至产生不应有的破坏。如果用未经调直的钢筋来断料，断料钢筋的长度不可能准确，从而会影响到钢筋成型、绑扎安装等一系列工序的准确性。因此钢筋调直是钢筋加工中不可缺少的工序。

钢筋调直有手工调直和机械调直。细钢筋可采用调直机调直，粗钢筋可以采用捶直或扳直的方法。钢筋的调直还可采用冷拉方法，其冷拉率 HPB235 级钢筋不大于 4‰，HRB335 级、HRB400 级和 RRB400 级钢筋的冷拉率不宜大于 1‰；一般拉至钢筋表面氧化皮开始脱落为止。

1）手工平直

直径在 10mm 以下的盘条钢筋，在施工现场一般采用手工调直钢筋。对于冷拔低碳钢丝，可通过导轮牵引调直，这种方法示意见图 4-17，如牵引过轮的钢丝还存在局部慢弯，可用小锤敲打平直；也可以使用蛇形管（见图 4-18）调直，将蛇形管固定在支架上，需要调直的钢丝穿过蛇形管，用人力向前牵引，即可将钢丝基本调直，局部慢弯处可用小锤加以平直。

盘条筋可采用绞盘拉直，见图 4-19。对于直条粗钢筋一般弯曲较缓，可就势用手扳子扳直。

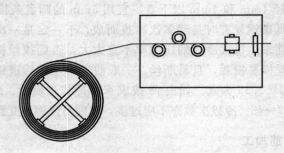

图 4-17 导轮牵引调直

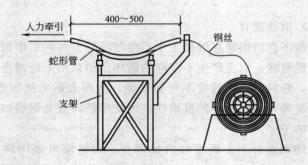

图 4-18 蛇形管调直架

2) 机械平直

机械平直是通过钢筋调直机（一般也有切断钢筋的功能，因此通称钢筋调直切断机）实现的，这类设备适用于处理冷拔低碳钢丝和直径不大于 12mm 的细钢筋。

粗钢筋也可以应用机械平直。由于没有国家定型设备，故对于工作量很大的单位，可自制平直机械，一般制成机械锤型式，用平直锤锤压弯折部位。粗钢筋也可以利用卷扬机

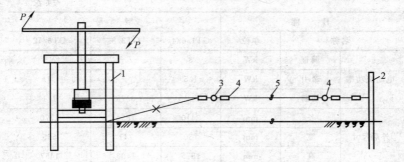

图 4-19 绞盘拉直装置示意图
1—绞磨;2—锚桩;3—测力仪;4—夹具;5—被调查钢筋

结合冷拉工序进行平直。根据《混凝土结构工程施工质量验收规范》(GB 50204—2002) 中 5.2.4 节条文说明:"弯折钢筋不得调直后作为受力钢筋使用",因此粗钢筋应注意在运输、加工、安装过程中的保护,弯折后经调直的粗钢筋只能作为非受力钢筋使用。

(A) 钢筋调直机

细钢筋用的钢筋调直机有多种型号,按所能调直切断的钢筋直径区分,常用的有三种:GT1.6/4、GT3/8、GT6/12。另有一种可调直直径更大的钢筋,型号为 GT10/16(型号标志中斜线两侧数字表示所能调直切断的钢筋直径大小上下限。一般称直径小于等于 12mm 的钢筋为"细钢筋")。

调直机的主要技术性能见表 4-4。

调直机的主要技术性能 表 4-4

性能		型号		
名称	单位	GT1.6/4	GT3/8	GT6/12
调直切断钢筋直径	mm	1.6~4	3~8	6~12
钢筋抗拉强度	N/mm²	650	650	650
切断长度	mm	300~3000	300~6500	300~6500
牵引速度	m/min	40	40、65	36、54、72
调直筒转速	r/min	2900	2900	2800

续表

性能		单位	型号		
名称			GT1.6/4	GT3/8	GT6/12
电动机功率	调直	kW	3	7.5	7.5
	牵引	kW	1.5		4
	切断	kW		0.75	1.1
外形尺寸	长	mm	3410	1854	1770
	宽	mm	730	741	535
	高	mm	1375	1400	1457
整机重量		kg	1000	1280	1263

工地上常用的钢筋调直机一般是GT3/8型，它的外形见图4-20。

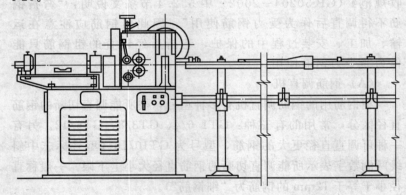

图 4-20　GT3/8 型钢筋调直机

(B) 钢筋调直的操作要点主要是：

A) 检查

每天工作前要先检查电气系统及其元件有无毛病，各种连接零件是否牢固可靠，各传动部分是否灵活，确认正常后方可进行试运转。

B) 试运转

首先从空载开始，确认运转可靠之后才可以进料、试验调直和切断。首先要将盘条的端头锤打平直，然后再将它从导向套推进机器内。

C) 试断筋

为保证断料长度合适，应在机器开动后试断三四根钢筋检查，以便出现偏差能得到及时纠正（调整限位开关或定尺板）。

D) 安全要求

盘圆钢筋放入放圈架上要平稳，如有乱丝或钢筋脱架时，必须停车处理。操作人员不能离机械过远，以防发生故障时不能立即停车造成事故。

E) 安装承料架

承料架槽中心线应对准导向套、调直筒和剪切孔槽中心线，并保持平直。

F) 安装切刀

安装滑动刀台上的固定切刀，保证其位置正确。

G) 安装导向管

在导向套前部，安装 1 根长度约为 1m 的导向钢管，需调直的钢筋应先穿入该钢管，然后穿过导向套和调直筒，以防止每盘钢筋接近调直完毕时其端头弹出伤人。

(2) 钢筋除锈

1) 钢筋除锈的作用

在自然环境中，钢筋表面接触到水和空气，就会在表面结成一层氧化铁，这就是铁锈。生锈的钢筋不能与混凝土很好粘结，从而影响钢筋与混凝土共同受力工作。若锈皮不清除干净，还会继续发展，致使混凝土受到破坏而造成钢筋混凝土结构构件承载力降低，最终混凝土结构耐久性能下降结构构件完全破坏，钢筋的防锈和除锈是钢筋工非常重要的一项工作。

在预应力混凝土构件中，对预应力钢筋的防锈和除锈要求更为严格。因为在预应力构件中，受力作用主要依靠预应力钢筋与混凝土之间的粘结能力，因此要求构件的预应力钢筋或钢丝表面的油污、锈迹全部清除干净，凡带有氧化锈皮或蜂窝状锈迹的钢丝一律不得使用。

因此，在使用前钢筋的表面应洁净。油渍、漆污和用锤敲击时能剥落的浮皮、铁锈等应清除干净。在焊接前，焊点处的水锈应清除干净。《混凝土结构工程施工质量验收规范》（GB 50204—2002）中 5.2.4 规定："钢筋应平直、无损伤，表面不得有裂纹、油污、颗粒状或片状老锈"。

2) 钢筋除锈的方法

除锈工作应在调直后、弯曲前进行，并应尽量利用冷拉和调直工序进行除锈。钢筋除锈的方法有多种，常用的有人工除锈、钢筋除锈机除锈和酸法除锈。如钢筋经过冷拉或经调直，则在冷拉或调直过程中完成除锈工作；如未经冷拉的钢筋或冷拉、调直后保管不善而锈蚀的钢筋，可采用电动除锈机除锈，还可采用喷砂除锈、酸洗除锈或手工除锈（用钢丝刷、砂盘）。

（A）人工除锈

人工除锈的常用方法一般是用钢丝刷、砂盘、麻袋布等轻擦或将钢筋在砂堆上来回拉动除锈。砂盘除锈示意图见图 4-21。

（B）机械除锈

机械除锈有除锈机除锈和喷砂法除锈。

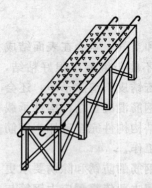

图 4-21　砂盘除锈示意图

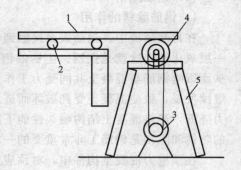

图 4-22　固定式钢筋除锈机
1—钢筋；2—滚道；3—电动机；
4—钢丝刷；5—机架

A）除锈机除锈

对直径较细的盘条钢筋，通过冷拉和调直过程自动去锈；粗钢筋采用圆盘钢丝刷除锈机除锈。

钢筋除锈机有固定式和移动式两种，一般由钢筋加工单位自制，是由动力带动圆盘钢丝刷高速旋转，来清刷钢筋上的铁锈。

固定式钢筋除锈机一般安装一个圆盘钢丝刷，见图 4-22。为提高效率，也可将两台除锈机组合，见图 4-23。

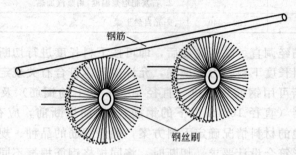

图 4-23　组合后的除锈机

B）喷砂法除锈

主要是用空压机、储砂罐、喷砂管、喷头等设备，利用空压机产生的强大气流形成高压砂流除锈，适用于大量除锈工作，除锈效果好。

（C）酸洗法除锈

当钢筋需要进行冷拔加工时，用酸洗法除锈。酸洗除锈是将盘圆钢筋放入硫酸或盐酸溶液中，经化学反应除铁锈；但在酸洗除锈前，通常先进行机械除锈，这样可以缩短50%酸洗时间，节约80%以上的酸液。酸洗除锈流程和技术参数见表 4-5。

在除锈过程中发现钢筋表面的氧化铁皮鳞落现象严重并损伤钢筋截面，或在除锈后钢筋表面有严重的麻坑、斑点伤蚀截面时，应降级使用或剔除不用。

（3）钢筋的切断

酸洗除锈流程和技术参数 表 4-5

工序名称	时间(min)	设备及技术参数
机械除锈	5	倒盘机,$\phi 6$ 台班产量约 5~6t
酸洗	20	1. 硫酸液浓度:循环酸洗法 15%左右; 2. 酸洗温度:50~70℃用蒸汽加热
清洗及上水锈	30	压力水冲洗 3~5min,清水淋洗 20~25min
沾石灰肥皂浆	5	1. 石灰肥皂浆配制:石灰水 100kg,动物油 15~20kg,肥皂粉 3~4kg 水 350~400kg; 2. 石灰肥皂浆温度,用蒸汽加热
干燥	120~240	阳光自然干燥

钢筋经调直、除锈完成后,即可按下料长度进行切断。钢筋应按下料长度下料,力求准确,允许偏差应符合有关规定。钢筋下料切断可用钢筋切断机(直径 40mm 以下的钢筋)及手动液压切断器(直径 16mm 以下的钢筋)。钢筋切断前,应有计划,根据工地的材料情况确定下料方案,确保钢筋的品种、规格、尺寸、外形符合设计要求。切断时,将同规格钢筋根据不同长度长短搭配、统筹排料。一般应先断长料,后断短料,减少短头,长料长用,短料短用,使下脚料的长度最短。切剩的短料可作为电焊接头的帮条或其他辅助短钢筋使用,力求减少钢筋的损耗。

1) 切断前的准备工作

钢筋切断前应做好以下准备工作,以求获得最佳的经济效果。

(A) 复核:根据钢筋配料单,复核料牌上所标注的钢筋直径、尺寸、根数是否正确。

(B) 下料方案:根据工地的库存钢筋情况做好下料方案,长短搭配,尽量减少损耗。

(C) 量度准确:避免使用短尺量长料,防止产生累计误差。

(D) 试切钢筋:调试好切断设备,试切 1~2 根,尺寸无误后再成批加工。

2) 切断方法

钢筋切断方法分为人工切断与机械切断。

(A) 手工切断

A) 断钢丝可用断线钳形状见图 4-24。

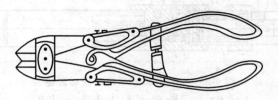

图 4-24 断线钳

B) 切断直径为 16mm 以下的 HPB235 钢筋可用图 4-25 所示的手压切断器。这种切断器一般可自制，由固定刀口、活动刀口、边夹板、把柄、底座等组成。

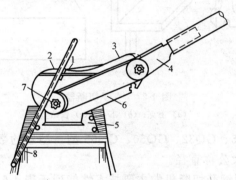

图 4-25 手压切断器
1—固定刀口；2—活动刀口；3—边夹板；4—把柄；
5—底座；6—固定板；7—轴；8—钢筋

C) 切断直径不超过 16mm 的钢筋，可以应用 XSYJ-16 型手动液压切断器（图 4-26）。

D) 一般工地上也常用称为克子的切断器，如图 4-27 所示，使用克子切断器时，将下克插在铁砧的孔里，钢筋放在下克槽内，上克边紧贴下克边，用锤打击上克使钢筋切断。

(B) 机械切断

常用的钢筋切断机械有 GQ40，其他还有 GQ12、GQ20、

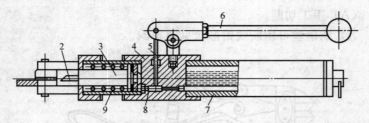

图 4-26　XSYJ-16 型手动液压切断器

1—滑轨；2—刀片；3—活塞；4—缸体；5—柱塞；
6—压杆；7—贮油筒；8—吸油阀；9—回位弹簧

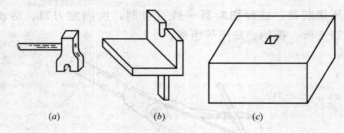

图 4-27　克子切断器

(a) 上克；(b) 下克；(c) 铁砧

GQ35、GQ25、GQ32、GQ50、GQ65 型，型号的数字表示可切断钢筋的最大公称直径。

A) 常用钢筋切断机的主要技术性能列于表 4-6。

常用钢筋切断机的主要技术性能　　　　表 4-6

性能名称		单位	型号		
			GQ40	GQ40A	GQ40L
可切断钢筋直径		mm	6～40	6～40	6～40
切断次数		次/min	40	40	38
电动机功率		kW	3	3	3
外形尺寸	长	mm	1150	1395	685
	宽	mm	430	556	575
	高	mm	750	780	984
整机重量		kg	600	720	650

GQ40 钢筋切断机每次切断钢筋根数见表 4-7。

GQ40 每次切断钢筋根数　　　　　　表 4-7

钢筋直径(mm)	5.5～8	9～12	13～16	18～20	20 以上
可切断根数	12～8	6～4	3	2	1

B）钢筋切断注意事项：

（a）检查

使用前应检查刀片安装是否牢固，润滑油是否充足，并应在开机空转正常以后再进行操作。

（b）切断

钢筋应调直以后再切断，钢筋与刀口应垂直。

（c）安全

断料时应握紧钢筋，待活动刀片后退时及时将钢筋送进刀口，不要在活动刀片已开始向前推进时，向刀口送料，以免断料不准，甚至发生机械及人身事故；长度在 30cm 以内的短料，不能直接用手送料切断；禁止切断超过切断机技术性能规定的钢材以及超过刀片硬度或烧红的钢筋；切断钢筋后，刀口处的屑渣不能直接用手清除或用嘴吹，而应用毛刷刷干净。

（4）钢筋弯曲成型

弯曲成型是将已切断、配好的钢筋按照施工图纸的要求加工成规定的形状尺寸。

弯曲分为人工弯曲和机械弯曲两种。钢筋弯曲成型一般采用钢筋弯曲机、四头弯曲机（主要用于弯制钢箍）及钢筋弯箍机。在缺乏机具设备的条件下，也可采用手摇扳手弯制钢筋，用卡盘与扳手弯制粗钢筋。钢筋弯曲前应先划线，形状复杂的钢筋应根据钢筋外包尺寸，扣除弯曲调整值（从相邻两段长度中各扣一半），以保证弯曲成型后外包尺寸准确。

钢筋弯曲成型后允许偏差应符合《混凝土结构工程施工质量验收规范》（GB 50204—2002）的规定。

钢筋弯曲成型的顺序是：准备工作→画线→样件→弯曲

成型。

1）准备工作

钢筋弯曲成什么样的形状，各部分的尺寸是多少，主要依据钢筋配料单，这是最基本的操作依据。

（A）配料单的制备

配料单是钢筋加工的凭证和钢筋成型质量的保证，配料单内可包括钢筋规格、式样、根数以及下料长度等内容，主要按施工图上的钢筋材料表抄写，但是应特别注意：下料长度一栏必须由配料人员算好填写，不能照抄材料表上的长度。例如表4-8是钢筋材料表，表中各号钢筋的长度是各分段长度累加起来的，配料单中钢筋长度则是操作需用的实际长度，要考虑弯曲调整值，计算成为下料长度。

×××钢筋配料单　　　　　表 4-8

编号	式样	规格	下料长度(mm)	根数	总下料长(m)	重量(kg)
1	2980	φ18	2980	4	11.92	23.8
2	600 2400	φ16	3170	5	15.85	25.0
3	500 1200 4000 580 820 580 1200 500	φ20	8940	3	26.82	66.2

（B）料牌

用木板或纤维板制成，将每一编号钢筋的有关资料：工程名称、图号、钢筋编号、根数、规格、式样以及下料长度等写注于料牌的两面，以便随着工艺流程一道工序一道工序地传送，最后将加工好的钢筋系上料牌。

2）划线

钢筋弯曲前，对形状复杂的钢筋（如弯起钢筋），根据钢筋料牌上标明的尺寸,在各弯曲点位置划线。在弯曲成型之前,除应熟悉待加工钢筋的规格、形状和各部尺寸,确定弯曲操作步骤及准备工具等之外,还需将钢筋的各段长度尺寸画在钢筋上。精确画线的方法是,大批量加工时,应根据钢筋的弯曲类型、弯曲角度、弯曲半径、扳距等因素,分别计算各段尺寸,再根据各段尺寸分段画线。这种画线方法比较繁琐。现场小批量的钢筋加工,常采用简便的画线方法:即在画钢筋的分段尺寸时,将不同角度的弯折量度差在弯曲操作方向相反的一侧长度内扣除,画上分段尺寸线,这条线称为弯曲点线。根据弯曲点线并按规定方向弯曲后得到的成型钢筋,基本与设计图要求的尺寸相符。现以梁中一根直径为18mm的弯起钢筋为例,说明弯曲点线的画线方法,见图4-28。

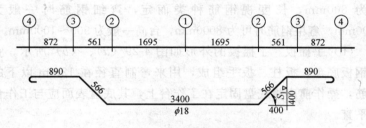

图4-28 弯起钢筋计算例图

第一步,在钢筋的中心线上划第一道线;

第二步,取中段(3400)的1/2减去$0.25d_0$,即在$1700-4.5=1695$mm处划第二道线;

第三步,取斜段(566)减去$0.25d_0$,即在$566-4.5=561$mm处划第三道线;

第四步,取直段(890)减去d_0即在$890-18=872$mm处划第四道线。

以上各线段即钢筋的弯曲点线,第一根钢筋成型后应与设计尺寸校对一遍,完全符合后再成批生产。弯曲角度须在工作台上放出大样。需说明的一点是画线时所减去的值应根据钢筋直径和弯折角度具体确定,此处所取值仅为便于说明。

弯制形状比较简单或同一形状根数较多的钢筋,可以不画线,而在工作台上按各段尺寸要求,固定若干标志,按标准操作。此法工效较高。

3)样件

弯曲钢筋画线后,即可试弯1根,以检查画线的结果是否符合设计要求。如不符合,应对弯曲顺序、画线、弯曲标志、扳距等进行调整,待调整合格后方可成批弯制。

4)弯曲成型

(A)手工弯曲成型

A)工具和设备

(a)工作台。钢筋弯曲应在工作台上进行。工作台的宽度通常为800mm,长度视钢筋种类而定,弯细钢筋时一般为4000mm,弯粗钢筋时可为8000mm,台高一般为900～1000mm。

(b)手摇扳。手摇扳的外形如图4-29(a)、(b)所示。它由钢板底盘、扳柱、扳手组成,用来弯制直径在12mm以下的钢筋,操作前应将底盘固定在工作台上,其底盘表面应与工作台面平直。

图4-29(a)所示是弯单根钢筋的手摇扳,图4-29(b)所

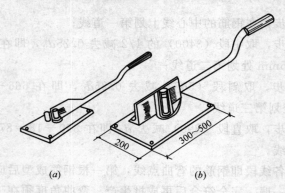

图4-29 手摇扳

示是可以同时弯制多根钢筋的手摇扳。

(c) 卡盘。卡盘用来弯制粗钢筋，它由钢板底盘和扳柱组成。扳柱焊在底盘上，底盘需固定在工作台上。图 4-30（a）所示为四扳柱的卡盘，扳柱水平净距约为 100mm，垂直方向净距约为 34mm，可弯曲直径为 32mm 的钢筋。图 4-30（b）所示为三扳柱的卡盘，扳柱的两斜边净距为 100mm 左右，底边净距约为 80mm。这种卡盘不需配钢套，扳柱的直径视所弯钢筋的粗细而定。一般直径为 20～25mm 的钢筋，可用厚 12mm 的钢板制作卡盘底板。

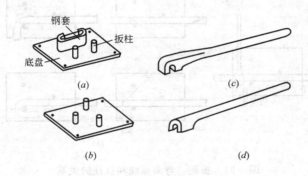

图 4-30 卡盘与钢筋扳子
(a) 四扳柱的卡盘；(b) 三扳柱的卡盘

(d) 钢筋扳子。钢筋扳子是弯制钢筋的工具，它主要与卡盘配合使用，分为横口扳子和顺口扳子两种（图 4-30）。横口扳子又有平头和弯头之分，弯头横口扳子仅在绑扎钢筋时作为纠正钢筋位置用。

钢筋扳子的扳口尺寸比弯制的钢筋直径大 2mm 较为合适。

弯曲钢筋时，应配有各种规格的扳子。

B) 手工弯曲成型步骤

为了保证钢筋弯曲形状正确，弯曲弧准确，操作时扳子部分不碰扳柱，扳子与扳柱间应保持一定距离。一般扳子与扳柱之间的距离，可参考表 4-9 所列的数值来确定。

扳子与扳柱之间的距离　　　　　　　　表 4-9

弯曲角度	45°	90°	135°	180°
扳距	$(1.5\sim2)d_0$	$(2.5\sim3)d_0$	$(3\sim3.5)d_0$	$(3.5\sim4)d_0$

扳距、弯曲点线和扳柱的关系如图 4-31 所示。弯曲点线在扳柱钢筋上的位置为：弯 90°以内的角度时，弯曲点线可与扳柱外缘持平；当弯 135°～180°时，弯曲点线距扳柱边缘的距离约为 d_0。

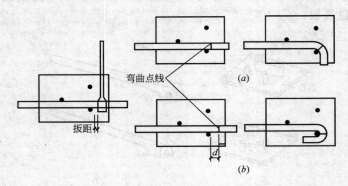

图 4-31　扳距、弯曲点线和扳柱的关系

不同钢筋的弯曲步骤分述如下：

（a）箍筋的弯曲成型。箍筋弯曲成型步骤，分为五步，如图 4-32 所示。在操作前，首先要在手摇扳的左侧工作台上标出钢筋 1/2 长、箍筋长边内侧长和短边内侧长（也可以标长边外侧长和短边外侧长）三个标志。

a）在钢筋 1/2 长处弯折 90°。
b）弯折短边 90°；
c）弯长边 135°弯钩；
d）弯短边 90°弯折；
e）弯短边 135°弯钩。

因为第（c）、(e) 步的弯钩角度大，所以要比（b）、(d) 步操作时靠标志略松些，预留一些长度，以免箍筋不方正。

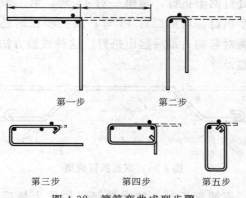

图 4-32 箍筋弯曲成型步骤

(b) 弯起钢筋的弯曲成型。弯起钢筋的弯曲成型如图 4-33 所示。一般弯起钢筋长度较大，故通常在工作台两端设置卡盘，分别在工作台两端同时完成成型工序。

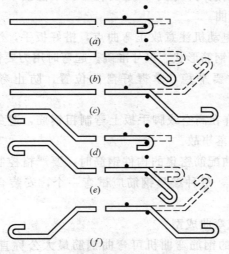

图 4-33 弯起钢筋成型步骤

当钢筋的弯曲形状比较复杂时，可预先放出实样，再用扒钉钉在工作台上，以控制各个弯转角，如图 4-34 所示。首先在钢筋中段弯曲处钉两个扒钉，弯第一对 45°弯；第二步在钢筋上段弯曲处钉两个扒钉，弯第二对 45°弯；第三步在钢筋弯钩处钉两个扒钉；弯两对弯钩；最后起出扒钉。这种成型方法，形状较准确，平面平整。

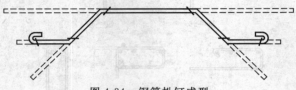

图 4-34　钢筋扒钉成型

各种不同钢筋弯折时，常将端部弯钩作为最后一个弯折程序，这样可以将配料弯折过程中的误差留在弯钩内，不致影响钢筋的整体质量。

（c）手工弯曲操作要点：

a）弯制钢筋时，扳子一定要托平，不能上下摆，以免弯出的钢筋产生翘曲。

b）操作电动机注意放正弯曲点，搭好扳手，注意扳距，以保证弯制后的钢筋形状、尺寸准确。起弯时用力要慢，防止扳手脱落。结束时要平稳，掌握好弯曲位置，防止弯过头或弯不到位。

c）不允许在高空或脚手扳上弯制粗钢筋，避免因弯制钢筋脱扳而造成坠落事故。

d）在弯曲配筋密集的构件钢筋时，要严格控制钢筋各段尺寸及起弯角度，每种编号钢筋应试弯一个，安装合适后再成批生产。

（B）机械弯曲成型

A）常用的钢筋弯曲机可弯曲钢筋最大公称直径为 40mm，常用型号：GW40；其他还有 GW12、GW20、GW25、GW32、GW50、GW65 等，型号的数字标志可弯曲钢筋的最大公称直径。

表 4-10 列出几种常用钢筋弯曲机的主要技术性能。

常用钢筋弯曲机的主要技术性能　　　表 4-10

性能		型号		
名称	单位	GW40	GW40A	GW50
可弯曲钢筋直径	mm	6～40	6～40	25～50
弯曲速度	r/min	5	9	2.5
电动机功率	kW	350	350	320
外形尺寸 长	mm	870	1050	1450
宽	mm	760	760	800
高	mm	710	828	760
整机重量	kg	400	450	580

各种钢筋弯曲机可弯曲钢筋直径是按抗拉强度为 $450N/mm^2$ 的钢筋取值的,对于级别较高、直径较大的钢筋,如果用 GW40 型钢筋弯曲机不能胜任,就可采用 GW50 型来弯曲。

最普遍通用的 GW40 型钢筋弯曲机的上视图如图 4-35。

更换传动轮,可使工作盘得到三种转速,弯曲直径较大的钢

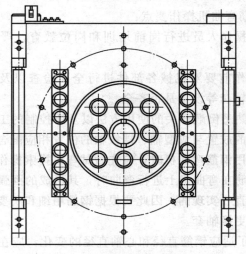

图 4-35　机械弯曲机上视图

筋必须使转速放慢，以免损坏设备。在不同转速的情况下，一次最多能弯曲的钢筋根数按其直径的大小应按弯曲机的说明书执行。弯曲机的操作过程见图 4-36。

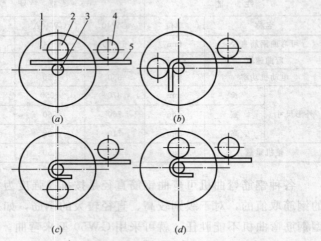

图 4-36　钢筋弯曲机的操作过程
1—工作盘；2—成型轴；3—心轴；4—挡铁轴；5—钢筋

B）钢筋弯曲机操作要点：

（a）对操作人员进行岗前培训和岗位教育，严格执行操作规程。

（b）操作前要对机械各部件进行全面检查以及试运转，并查点齿轮、轴套等设备是否齐全。

（c）要熟悉倒顺开关的使用方法以及所控制的工作盘旋转方向，使钢筋的放置与成型轴、挡铁轴的位置相应配合。

（d）使用钢筋弯曲机时，应先做试弯以摸索操作规律。

（e）钢筋在弯曲机上进行弯曲时，其形成的圆弧弯曲直径是借助于心轴直径实现的，因此要根据钢筋粗细和所要求的圆弧直径大小随时更换轴套。

（f）为了适应钢筋直径和心轴直径的变化，应在成型轴上加一个偏心套，以调节心轴、钢筋和成型轴三者之间的间隙。

(g) 严禁在机械运转过程中更换心轴、成型轴、挡铁轴，或进行清扫、注油。

(h) 弯曲较长的钢筋应有专人帮助扶持，帮助人员应听从指挥，不得任意推送。

5）成品管理

对钢筋加工工序而言，弯曲成型后的钢筋就算是"成品"。

（A）成品质量

弯曲成型后的钢筋质量必须通过加工操作人员自检；进入成品仓库的钢筋要由专职质量检查人员复检合格。

钢筋加工的质量按照《混凝土结构工程施工质量验收规范》（GB 50204—2002）的规定，应符合下列要求：

A）受力钢筋的弯钩和弯折应符合表 4-11 规定。

钢筋弯钩、弯折形状和尺寸要求　　　　表 4-11

钢筋类型	牌号或部位	形状	弯弧内直径	弯钩平直部分长度(L_p)
受力钢筋	HPB235	180°弯钩	$\geqslant 2.5d$	$\geqslant 3d$
	HRB335，HRB400	135°弯钩	$\geqslant 4d$	按设计要求
		≤90°弯钩	$\geqslant 5d$	—
箍筋	一般结构	≥90°弯钩	$\geqslant 2.5d_0, \geqslant d$	$\geqslant 5d_0$
	抗震结构	135°弯钩	$\geqslant 2.5d_0, \geqslant d$	$\geqslant 10d_0$

注：表中 d 为受力钢筋直径，d_0 为箍筋直径。

B）钢筋加工允许偏差应符合表 4-12 规定。

钢筋加工允许偏差　　　　表 4-12

项　　目	允许偏差（mm）
受力钢筋顺长度方向全长的净尺寸	±10
弯起钢筋的弯折位置	±20
箍筋内净尺寸	±5

（B）管理要点

A）弯曲成型好了的钢筋必须轻抬轻放，避免产生变形；经过验收检查合格后，成品应按编号拴上料牌，并应特别注意缩尺钢筋的料牌勿使遗漏。

B) 清点某一编号钢筋成品无误后，在指定的堆放地点，要按编号分隔整齐堆入，并标识所属工程名称。

C) 钢筋成品应堆放在库房里，库房应防雨防水，地面保持干燥，并做好支垫。

D) 与安装班组联系好，按工程名称、部位及钢筋编号、需用顺序堆放，防止先用的被压在下面，使用时因翻垛而造成钢筋变形。

（六）钢筋的连接

1. 钢筋焊接

采用焊接代替绑扎，可节约钢材，改善结构受力性能，提高工效，降低成本。钢筋常用焊接方法有：对焊、电弧焊、电渣压力焊和电阻点焊。此外还有预埋件钢筋和钢板的埋弧压力焊及钢筋气压焊。

钢筋的焊接效果与钢材的可焊性有关。在相同的焊接工艺条件下，能获得良好焊接质量的钢材，称之为在这种工艺条件下的可焊性好，相反则称在这种工艺条件下可焊性差。钢筋的可焊性与其含碳量及合金元素的含量有关，含碳量增加，则可焊性降低；含锰量增加也影响焊接效果。含适量的钛，可改善焊接性能。

钢筋的焊接效果，还与焊接工艺有关。即使较难焊的钢材，若能掌握适宜的焊接工艺，也可获得良好的焊接质量。因此改善焊接工艺是提高焊接质量的有效措施。

（1）闪光对焊

闪光对焊广泛用于钢筋接长及预应力钢筋与螺丝端杆的焊接。热轧钢筋的接长宜优先用闪光对焊，不可能时才用电弧焊。钢筋闪光对焊的原理如图 4-37 所示，是利用对焊机使两段钢筋接触，通过低电压的强电流，待钢筋被加热到一定温度变软后，进行轴向加压顶锻，形成对焊接头。钢筋闪光对焊工艺可分为：连续闪光焊、预热闪光焊、闪光-预热-闪光焊三种。对HRB500级钢筋有时在焊接后进行通电热处理。

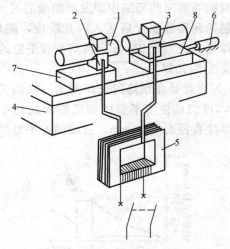

图 4-37 钢筋闪光对焊原理
1—焊接的钢筋；2—固定垫板；3—可动垫板；4—机座；
5—变压器；6—平动顶压机构；7—固定支座；8—滑动支座

1）连续闪光焊

连续闪光焊焊接工艺过程如图4-38（a）所示。钢筋夹紧在电极钳口上后，闭合电源，使两根钢筋端面轻微接触。由于钢筋端部不平，开始只有一点或数点接触，接触面小而电流密度和接触电阻很大，接触点很快熔化并产生金属蒸气飞溅，形成闪光现象。闪光一开始就徐徐移动钢筋，使形成连续闪光过程，同时接头也被加热。待接头烧平，闪去杂质和氧化膜，白热熔化时，随即施加轴向压力迅速进行顶锻，后无电顶锻，使两根钢筋焊牢。

连续闪光焊宜于焊接直径 22mm 以内的 HPB235、HRB335、HRB400 和 RRB400 级钢筋和直径 16mm 以内的 HRB500 级钢筋。

2) 预热闪光焊

预热闪光焊是在连续闪光前增加一次预热过程,以扩大焊接热影响区,其工艺过程包括:预热、闪光和顶锻过程,如图4-38（b）所示。施焊时先闭合电源,然后使两钢筋端面交替地接触和分开,这时钢筋端面的间隙中即发出断续的闪光,而形成预热过程。当钢筋达到预热温度后进入闪光阶段,随后顶锻而成。预热闪光焊宜焊接直径大于25mm,且端面较平整的钢筋。

3) 闪光-预热-闪光焊

闪光-预热-闪光焊是在预热闪光焊前加一次闪光过程,如图4-38（c）所示,目的是使不平整的钢筋端面烧化平整,使预热均匀。它适宜焊接直径大于25mm,且端面不平整的钢筋。钢筋

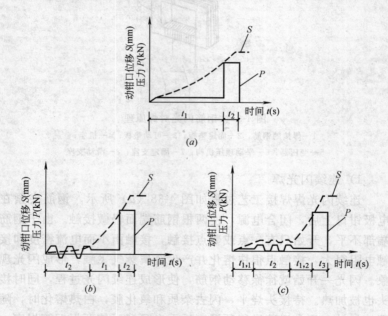

图 4-38　钢筋闪光对焊工艺过程
(a) 连续闪光焊；(b) 预热闪光焊；(c) 闪光-预热-闪光焊
t_1—闪光时间；$t_{1,1}$——次闪光时间；$t_{1,2}$—二次闪光时间；
t_2—预热时间；t_3—顶锻时间

闪光焊后,除对接头进行外观检查(无裂纹和烧伤;接头弯折不大于4°接头轴线偏移不大于1/10的钢筋直径外,还应按国家现行标准《钢筋焊接及验收规程》进行验收,其焊接接头的试验方法应符合国家标准《钢筋焊接接头试验方法》的有关规定。

(2) 电弧焊

电弧焊是利用弧焊机与焊件之间产生高温电弧,使焊条和电弧燃烧范围内的焊件熔化,待其凝固便形成焊缝或接头。电弧焊广泛用于钢筋焊接、钢筋骨架焊接、装配式结构接头的焊接、钢筋与钢板的焊接及各种钢结构焊接。

钢筋电弧焊的型式如图 4-39 所示有:搭接焊接头(单面焊缝或双面焊缝)、帮条焊接头(单面焊缝或双面焊缝)、坡口焊接

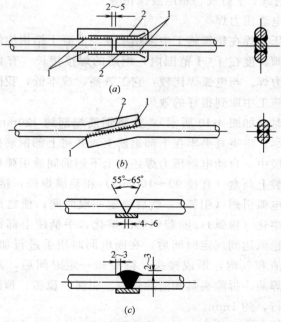

图 4-39 钢筋电弧焊接头型式

(a) 帮条焊接头;(b) 搭接焊接头;(c) 坡口焊接头

1—定位焊缝;2—弧坑拉出方位

头（平焊或立焊）。

弧焊机有直流与交流之分，常用的为交流弧焊机。

焊条的种类很多，如"结42×"、"结50×"等，钢筋焊接根据钢材等级和焊接接头型式选择焊条。焊条表面涂有药皮，它可保证电弧稳定，使焊缝避免氧化，并产生溶渣覆盖焊缝以减缓冷却速度。尾符号"×"表示没有规定药皮类型，酸性或碱性焊条均可。但对重要结构的钢筋接头，宜用低氢型碱性焊条进行焊接。焊接电流和焊条直径根据钢筋级别、直径、接头型式和焊接位置进行选择。搭接接头的长度、规程都有具体规定。搭接焊、帮条焊和坡口焊的焊接接头，除外观质量检查外，亦需抽样做拉伸试验。如对焊接质量有怀疑或发现异常情况，还可进行非破损检验（χ射线、γ射线、超声波探伤等）。

(3) 电渣压力焊

电渣压力焊在建筑施工中多用于现浇混凝土结构构件内竖向或斜向（倾斜度在4∶1范围内）钢筋的焊接接长。有自动与手工电渣压力焊。与电弧焊比较，它工效高、成本低，我国在一些高层建筑施工中取到很好的效果。

焊接时（如图4-40所示），先将钢筋端部约120mm范围内的铁锈除尽，将夹具夹牢在下部钢筋上，并将上部钢筋扶直夹牢于活动电极中，自动电渣压力焊还在上下钢筋间放引弧用的钢丝圈等。再装上药盒（直径90~100mm）和装满焊药，接通电路，用手柄使电弧引燃（引弧）。然后稳定一段时间，使之形成渣池并使钢筋熔化（稳弧），随着钢筋的熔化，手柄使上部钢筋缓缓下送。当稳弧达到规定时间后，在断电同时用手进行加压顶锻，以排除夹渣和气泡，形成接头。待冷却一定时间后，即拆除药盒、回收焊药、拆除夹具和清除焊渣。引弧、稳弧、顶锻三个过程连续进行，约1min。

电渣压力焊的接头，亦应按规程规定的方法检查外观质量和进行试件拉伸试验。

(4) 电阻点焊

电阻点焊主要用于钢筋交叉连接，如用来焊接钢筋网片、钢筋骨架等。其生产效率高，节约材料，应用广泛。

电阻点焊的工作原理是：当钢筋交叉点焊时，接触点只有一点，接触处接触电阻较大，在接触的瞬间，电流产生的全部热量都集中在一点上，因而使金属受热而熔化，同时在电极加压下使焊点金属得到熔合。点焊机的工作原理如图4-41所示。

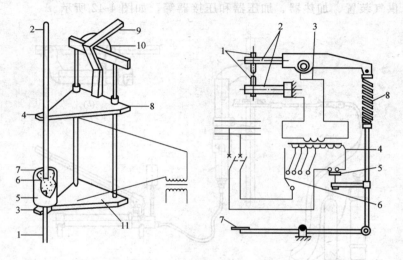

图 4-40 电渣焊构造示意图　　　图 4-41 点焊机工作原理图

1、2—钢筋；3—固定电极；4—活动电极；　1—电极；2—电极臂；3—变压器的次级线圈；
5—药盒；6—导电剂；7—焊药；8—滑动架；　4—变压器的初级线圈；5—断路器；6—变
9—手柄；10—支架；11—固定架　　　　　　压器的调节开关；7—踏板；8—压紧机构

常用的点焊机有单点点焊机、多头点焊机（一次可焊数点，用于焊接宽大的钢筋网）、悬挂式点焊机（可焊钢筋骨架或钢筋网）、手提式点焊机（用于施工现场）。

电阻点焊的主要焊接参数为：电流强度、通电时间、电极压力和焊点压入深度等。应根据钢筋级别、直径及焊机性能合理选择。焊接质量应符合《钢筋焊接及验收规程》中的有关规定。

（5）气压焊

钢筋气压焊，是以乙炔和氧气燃烧的高温火焰来加热钢筋的结合端部，不待钢筋熔融使其在塑性状态下加压接合。钢筋气压焊设备轻巧，操作比较简便，施工效率高，耗费材料少，价格便宜。压接后的接头可以达到与母材相同甚至更高的强度。适用于 HPB235 和 HRB335 级热轧钢筋，直径相差不大于 7mm 的不同直径钢筋及各种方向布置的钢筋的现场焊接。气压焊的设备包括供气装置、加热器、加压器和压接器等，如图 4-42 所示。

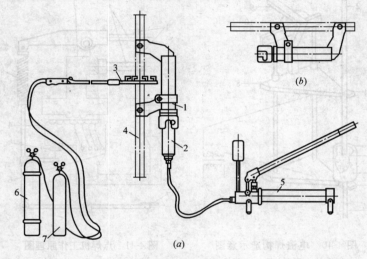

图 4-42 气压焊装置系统图
（a）竖向焊接；（b）横向焊接
1—压接器；2—顶压油缸；3—加热器；4—钢筋；5—加压器（手动）；6—氧气；7—乙炔

压接用气：压接用气是氧气和乙炔的混合气体。氧气的纯度在 99.5% 以上，乙炔气体的纯度在 98% 以上。氧气的工作压力为 0.6～0.7MPa，乙炔的工作压力为 0.05～0.1MPa，氧气和乙炔分别贮存在氧气瓶和乙炔气瓶内。

主加热器：加热器由混合气管（握柄）和火钳两段组成，火钳中火口数按焊接钢筋直径大小的不同，有 8 头、10 头、12 头等。

加压器和压接器：加压器有电动和手动两种，均为油泵。图4-42为手动加压器。压接器为嵌固钢筋和压接钢筋之用。压接器必须有足够的刚度，对钢筋有足够夹紧能力，并使两钢筋不产生偏心、弯曲。

气压焊操作工艺：施焊前钢筋端头用切割机切齐（不能用钢筋剪切机切断），要求端面与钢筋轴线垂直。焊接前应打磨钢筋端面，清除氧化层和污物，使之现出金属光泽。施焊时先将钢筋固定于压接器上，并加以适当的压力，使钢筋端面接触，然后将火钳口对准钢筋接缝处，加热钢筋端部至 1100℃～1300℃，表面呈橘黄色，当即加压油泵，对钢筋施以 40MPa 以上的压力，压接部分的鼓胀直径为钢筋直径的 1.4 倍以上，其形状呈平滑的圆球形；待钢筋加热部分火色退清后，即可拆除压接器。另外加热时为促使钢筋端面金属原子互相渗透，也便于加压顶锻，应上下摆动加热器，适当增大钢筋加热范围。

钢筋气压焊的施工技术条件和质量要求应符合现行国家标准的规定。

2. 粗直径钢筋机械加工连接

钢筋机械连接是指通过连接件的机械咬合作用或钢筋端面的承压作用，将一根钢筋中的力传递至另一根钢筋的连接方法。这类方法是我国近年来发展起来的，它具有接头质量稳定可靠，不受钢筋化学成分的影响，人为因素的影响小；操作简便，施工速度快，且不受气候条件影响；无污染、无火灾隐患，施工安全等优点。在粗直径钢筋连接中，钢筋机械连接方法具有广阔的发展前景。

粗直径钢筋机械加工连接是建设部 1998 年颁布的"建筑业 10 项新技术"之一，粗直径钢筋直螺纹机械连接技术被列为 2005 年"建筑业 10 项新技术"进一步加强推广应用。目前正在推广应用的有套筒挤压连接法、锥螺纹连接法和直螺纹连接法等。

(1) 套筒挤压连接法

套筒挤压连接法是将两根待接钢筋插入钢套筒,用挤压连接设备沿径向挤压钢套筒,使之产生塑性变形,依靠变形后的钢套筒与被连接钢筋纵、横肋产生的机械咬合成为整体的钢筋连接方法(图 4-43)。

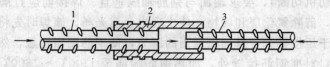

图 4-43 钢筋套筒挤压连接
1—已挤压的钢筋;2—钢套筒;3—未挤压的钢筋

套筒挤压连接的优点是接头强度高,质量稳定可靠;安全,无明火,不受气候影响;适应性强,可用于垂直、水平、倾斜、高空、水下等各方位的钢筋连接。还特别适用于不可焊接钢筋、进口钢筋的连接。近年来推广应用迅速。挤压连接法的主要缺点是设备移动不便,连接速度较慢。

(2) 锥螺纹连接法

钢筋锥螺纹套筒连接是将两根待接钢筋端头用套丝机做出锥形外丝,然后用带锥形内丝的套筒将钢筋两端拧紧的钢筋连接方法(图 4-44)。

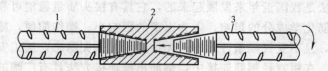

图 4-44 钢筋锥螺纹连接
1—已连接的钢筋;2—锥螺纹套筒;3—待连接的钢筋

锥螺纹连接法所用的设备主要是套丝机,通常安装在现场对钢筋端头进行套丝。套完锥形丝扣的钢筋用塑料帽保护,防止搬运与堆放过程中受损。套筒一般在工厂内加工。连接钢筋时利用测力扳手拧紧套筒至规定力矩值可完成钢筋的对接。锥螺纹连接现场操作工序简单,速度快,应用范围广,不受气候影响,很受施工单位欢迎。但锥螺纹接头破坏都发生在接头处,现场加工的锥螺纹质量,漏扣或扭紧力矩不准,丝扣松动等对接头强度和变形有很大影响。因此,必须重视锥螺纹接头的现场检查,严格执行行业标准,必须从工程结构中随机抽样检验。

(3) 直螺纹连接法

粗直径钢筋直螺纹机械连接技术是最近几年才开发的一种新的螺纹连接方式。它先将钢筋端头墩粗,再切削成直螺纹,然后用带直螺纹的套筒将钢筋两端拧紧的钢筋连接方法(图4-45)。由于镦粗段钢筋切削后的净截面仍大于钢筋原截面,即螺纹不削弱钢筋截面,从而确保接头强度大于母材强度。直螺纹不存在扭紧力矩对接头性能的影响,从而提高了连接的可靠性,也加快了施工速度。直螺纹接头比套筒挤压接头节省钢材70%,比锥螺纹接头节省钢材35%,发展前景良好。全效粗直螺纹钢筋接头按JGJ 171—2005标准执行。

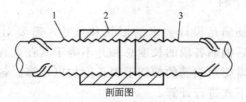

图4-45 钢筋直螺纹连接
1—已连接的钢筋;2—直螺纹套筒;3—正在拧入的钢筋

(七) 钢 筋 配 料

1. 钢筋配料单

(1) 钢筋配料单的概念

钢筋配料是根据构件配筋图中钢筋的品种、规格及外形尺寸、数量计算构件各钢筋的直线下料长度、总根数及钢筋总质量,然后编制钢筋配料单。

(2) 钢筋配料单的作用

钢筋配料单的作用有以下几个方面:

1) 是钢筋加工依据;

2) 是提出材料计划,签发任务单和限额领料单的依据;

3) 是钢筋施工的重要工序。合理的配料单,能节约材料,简化施工操作。

(3) 钢筋配料单编制步骤

1) 熟悉图纸,识读构件配筋图,弄清每一钢筋编号的直径、规格、种类、形状和数量,以及在构件中的位置和相互关系。

2) 绘制钢筋简图。

3) 计算每种规格钢筋的下料长度。

4) 填写钢筋配料单。

5) 填写钢筋料牌。

2. 钢筋下料

为使钢筋满足设计要求的形状和尺寸,需要对钢筋进行弯折,而弯折后钢筋各段的长度总和并不等于其在直线状态下的长度,所以就需要对钢筋的剪切下料长度加以计算。各种钢筋的下料长度可按下式进行计算:

钢筋下料长度 L = 外包尺寸 + 钢筋末端弯钩或弯折增长值 - 钢筋中间部位弯折的量度差值

(1) 钢筋下料长度 L

钢筋在直线状态下剪切下料,剪切前量得的直线状态下长度,称之为下料长度 L。

(2) 外包尺寸

外包尺寸是指钢筋外缘之间的长度,结构施工图中所指钢筋长度和施工中量度钢筋所得的长度均视为钢筋的外包尺寸。如图 4-46 所示,对应的外包尺寸分别为:

1) $L_1 = l_1 + l_2 + l_3 + l_4 + l_5$,

2) $L_2 = l$；
3) $L_3 = 2(b+h)$。

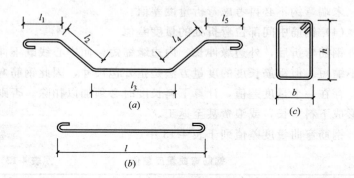

图 4-46　钢筋外包尺寸

（3）弯钩增长值

光圆钢筋为了增加其与混凝土锚固的能力，一般将其两端做成180°弯钩。因其韧性较好，圆弧弯曲直径（D）应大于或等于钢筋直径（d）的 2.5 倍，平直段部分长度不小于钢筋直径的 3 倍；用于轻骨料混凝土结构时，其弯曲直径（D）不应小于钢筋直径的 3.5 倍。带肋钢筋一般不做弯钩，只是为了满足锚固长度的要求，末端常做 90°或 135°弯折，弯钩增长值的计算简图如图 4-47 所示，其计算值为：180°弯钩为 $6.25d$，90°弯折为 $3.5d$，135°弯折为 $4.9d$。

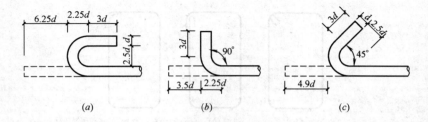

图 4-47　钢筋弯钩计算简图

（a）180°弯钩；（b）钢筋末端 90°弯折；（c）钢筋末端 135°弯折

值得注意的是：以上各弯钩（弯折）增长值的计算规定中，均已包含弯钩本身的量度差值，按上述规则计算钢筋下料长度时，末端弯钩不必再考虑弯折量度差值。

（4）钢筋中间部位弯折处的量度差值

钢筋弯折后，外边缘伸长，内边缘缩短，而中心线既不伸长也不缩短。但钢筋长度的度量方法是指外包尺寸，因此钢筋弯曲后，存在一个量度差值，计算下料长度时必须加以扣除。否则势必形成下料太长，或浪费甚至返工。

钢筋弯曲量度差值列于表 4-13 中。

钢筋弯曲量度差值　　　　　表 4-13

钢筋弯曲角度	30°	45°	60°	90°	135°
钢筋弯曲量度差值	0.35d	0.5d	0.85d	2d	2.5d

（5）箍筋弯钩增长值

箍筋的末端应做弯钩，弯钩形式应符合设计要求。当设计无具体要求时，用 HPB235 级钢筋或冷拔低碳钢丝制作的箍筋，其弯钩的弯曲直径应大于受力钢筋直径，且不小于箍筋直径的 2.5 倍；弯钩平直部分的长度，对一般结构，不宜小于箍筋直径的 5 倍，对有抗震要求的结构，不应小于箍筋直径的 10 倍。箍筋弯钩形式，如设计无要求时，可按图 4-48（a）、（b）加工；对于重要结构、有抗震要求和弯扭的结构，应按图 4-48（c）加工。

箍筋调整值见表 4-14。

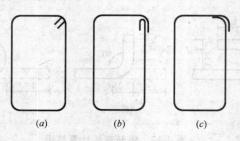

图 4-48　箍筋示意图
（a）135°/135°；（b）90°/180°；（c）90°/90°

箍筋调整值　　　　　　　　　表 4-14

箍筋量度方法	箍筋直径(mm)			
	4～5	6	8	10～12
量外包尺寸	40	50	60	70
量内皮尺寸	80	100	120	150～170

【例 4-1】 某建筑物一层共 10 根 L_1 梁，如图 4-49 所示。绘制 L_1 梁钢筋配料单。

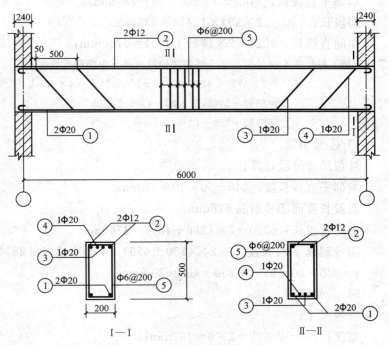

图 4-49　L_1 梁配筋图

【解】

1) ①号钢筋（混凝土保护层厚取 25mm）

钢筋外包尺寸：6240－2×10＝6220mm（钢筋端部混凝土

保护层取 10mm)。

下料长度 $L=6220+2\times 6.25d_0=6220+2\times 6.25\times 20=6470$mm。

2) ②号钢筋

外包尺寸同①号钢筋 6220mm。下料长度 $L=6220+2\times 6.25\times 12=6370$mm。

3) ③号钢筋

外包尺寸分段计算：

端部平直段长：$240+50+500-10=780$mm；

斜段长：$(500-2\times 25)\times 1.414=636$mm；

中间直段长：$6220-2\times (780+450)=3760$mm；

③号钢筋下料长度 $L=$外包尺寸$+$两端弯钩增长值$-$中部弯折量度值

$$=2\times (780+636)+3760+2\times 6.25d_0-4\times 0.5d_0$$
$$=6592+2\times 6.25\times 20-4\times 0.5\times 20$$
$$=6592+250-40=6802\text{mm}$$

4) ④号钢筋

外包尺寸分段计算：

端部平直段长度：$240+50-10=280$mm

斜段长度同③号钢筋 636mm

中间直段长：$6220-2\times (280+450)=4760$mm

④号钢筋下料长度 $L=2\times (280+636)+4760+2\times 6.25\times 20-4\times 0.5\times 20=6592+250-40=6802$mm。

5) ⑤号箍筋

外包尺寸：

宽度：$200-2\times 25+2\times 6=162$mm；

高度：$500-2\times 25+2\times 6=462$mm；

弯钩增长值：50mm。

⑤号钢筋两个弯钩的增长值为 $2\times 50=100$mm。

⑤号箍筋下料长度 $L=2\times (162+462)+100-36=1310$mm。

钢筋配料单 表 4-15

项次	构件名称	钢筋编号	钢筋简图	直径(mm)	钢号	下料长度(mm)	单位根数	合计根数	质量(kg)
1		①	6200	20	HPB235	6470	2	20	319.62
2		②	6200	12	HPB235	6370	2	20	113.13
3	L_1梁共10根	③	780 636 4760	20	HPB235	6802	1	10	168.01
4		④	280 636 3760	20	HPB235	6802	1	10	168.01
5		⑤	462 162	6	HPB235	1310	32	320	92.92

合计 $\phi6$：92.92kg；$\phi12$：113.13kg；$\phi20$：655.64kg

⑤号箍筋根数 $n = \dfrac{构件长度-两端保护层厚}{箍筋间距}+1$

$= \dfrac{6240-2\times10}{200}+1 = 32.1$ 取 $n=32$ 根

钢筋配料单如表 4-15 所示。

(6) 钢筋配料注意事项

1) 在设计图纸中，钢筋配置的细节未注明时，一般可按构造要求处理。

2) 钢筋配料计算，除钢筋的形状和尺寸满足图纸要求外，还应考虑有利于钢筋的加工运输和安装。

3) 在满足要求前提下，尽可能利用库存规格材料、短料等，以节约钢材。在使用搭接焊和绑扎接头时，下料长度计算应考虑搭接长度。

4）配料时，除图纸注明钢筋类型外，还要考虑施工需要的附加钢筋，如基础底板的双层钢筋网中，为保证上层钢筋网位置用的钢筋撑脚，墙板双层钢筋网中固定钢筋间距用的撑铁，梁中双排纵向受力钢筋为保持其间距用的垫铁等。

（八）钢筋代换

1. 钢筋代换原则

在施工中如遇到钢筋品种或规格与设计要求不符时，征得设计单位同意后，可按下列原则代换。

（1）等强度代换

构件配筋受强度控制时，按代换前后强度相等的原则进行代换，称"等强度代换"。代换时应满足式（4-10）和式（4-11）的要求：

$$A_{s2} \cdot f_{y2} \geqslant A_{s1} \cdot f_{y1} \tag{4-10}$$

即

$$n_2 \cdot \frac{\pi d_2^2}{4} \cdot f_{y2} \geqslant n_1 \cdot \frac{\pi d_1^2}{4} \cdot f_{y1}$$

$$n_2 \geqslant \frac{n_1 d_1^2 \cdot f_{y1}}{d_2^2 \cdot f_{y2}} \tag{4-11}$$

式中 n_2——代换钢筋根数；
n_1——原设计钢筋根数；
d_2——代换钢筋直径；
d_1——原设计钢筋直径；
f_{y2}——代换后钢筋设计强度值；
f_{y1}——原设计钢筋设计强度值；
A_{s2}——代换后钢筋总截面积；
A_{s1}——原设计钢筋总截面积。

（2）等面积代换

构件按最小配筋率配筋时，或同钢号钢筋之间的代换，按代换前后面积相等的原则进行代换，称"等面积代换"。代换时应满足式（4-12）和式（4-13）的要求：

$$A_{s2} \geqslant A_{s1} \tag{4-12}$$

即

$$n_2 \geqslant n_1 \cdot \frac{d_1^2}{d_2^2} \tag{4-13}$$

式中符号意义同上。

钢筋代换后，有时由于受力钢筋直径加大或根数增多而需要增加排数，则构件截面的有效高度 h_0 减少，截面强度降低。所以常需对截面强度进行复核。

2. 钢筋代换注意事项

钢筋代换时，必须充分了解设计意图和代换材料的性能，并严格遵守《混凝土结构设计规范》（GB 50010—2002）的各项规定，应征得设计单位的同意，并应符合下列规定：

（1）不同种类钢筋代换，应按钢筋受拉承载力设计值相等的原则进行。

（2）当构件受抗裂、裂缝宽度或挠度控制时，钢筋代换后应进行抗裂、裂缝宽度或挠度验算。

（3）钢筋代换后，应满足混凝土结构设计中所规定的钢筋间距、锚固长度、最小钢筋直径、根数等要求。

（4）对重要受力构件，不宜用 HPB235 级代换 HRB335 级钢筋。

（5）梁的纵向受力钢筋与弯起钢筋应分别进行代换。

（6）偏心受压构件或偏心受拉构件作钢筋代换时，不取整个截面配筋量计算，应按受力面（受压或受拉）分别代换。

（7）对有抗震要求的框架，不宜以强度等级高的钢筋代替设计中的钢筋。当必须代换时，其代换的钢筋检验所得的实际强度，尚应符合下列要求：（A）钢筋的抗拉强度实测值与屈服强度实测值的比值不应小于 1.25。(B) 钢筋的屈服强度实测值与钢筋强度标准值的比值,当按一、二级防震要求设计时,不应大于 1.3。

(8) 预制构件的吊环,必须采用未经冷拉的 HPB235 级热轧钢筋制作,严禁以其他钢筋代换。

(9) 在负温条件下直接承受中、重级工作制的吊车梁的受拉钢筋,宜采用细直径的 HRB500 级钢筋。

【例 4-2】 梁截面尺寸如图 4-50 所示,混凝土强度等级为 C25,原设计纵向受力筋为 5ϕ18,钢筋级别为 HRB335 级,面积 $A_{s1}=1272mm^2$,现拟用 HPB235 级钢筋代换,求所需钢筋的直径及根数。

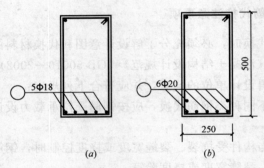

图 4-50 矩形梁钢筋代换
(a) 代换以前;(b) 代换以后

【解】

$$A_{s2} \geqslant A_{s1}\frac{f_{y1}}{f_{y2}} = 1272 \times \frac{300}{210} = 1817mm^2$$

选用 6ϕ20

$$A_s = 1884 > 1817mm^2$$

复核钢筋净距

$$S = \frac{250 - 2 \times 25 - 6 \times 20}{5} = 16 < 25mm$$

因此，钢筋要排成两排，梁的截面有效高度 h_0 减少，需验算构件截面强度是否满足设计要求，根据弯矩相等的原则按式 (4-14) 及式 (4-15) 进行计算：

$$A_{s2} f_{y2} \left(h_{02} - \frac{x_2}{2} \right) \geqslant A_{s1} f_{y1} \left(h_{01} - \frac{x_1}{2} \right) \quad (4\text{-}14)$$

由

$$bx\alpha_1 f_c = A_s f_y$$

得

$$x = \frac{A_s f_y}{\alpha_1 f_c \cdot b}$$

代入上式得

$$A_{s2} f_{y2} \left(h_{02} - \frac{A_{s2} f_{y2}}{2\alpha_1 f_c b} \right) \geqslant A_{s1} f_{y1} \left(h_{01} - \frac{A_{s1} f_{y1}}{2\alpha_1 f_c \cdot b} \right) \quad (4\text{-}15)$$

式中 A_{s1}——原设计钢筋总截面积；
f_{y1}——原设计钢筋设计强度；
A_{s2}——代换后钢筋总截面积；
f_{y2}——代换后钢筋设计强度；
h_{01}——原设计构件截面有效高度（钢筋合力点至截面受压边缘的距离）；
h_{02}——代换后构件截面有效高度；
α_1——系数，当混凝土强度等级不超过 C50 时，α_1 取 1.0，当混凝土强度等级为 C80 时，α_1 取 0.94，其间按线性内插法取用；
f_c——混凝土轴心抗压强度设计值；
b——构件截面宽度。

$$h_{01} = h - a_1 = 500 - (25 + 9) = 466 \text{mm}$$

$$a_2 = \frac{4 \times 35 + 2 \times 80}{6} = 50 \text{mm}$$

$$h_{02} = 500 - 50 = 450 \text{mm}$$

式中 a_1、a_2 分别表示代换前、代换后受拉钢筋合力点到截面受拉边缘的距离。

代换前

$$A_{s1}f_{y1}\left(h_{01}-\frac{A_{s1}f_{y1}}{2\alpha_1 f_c \cdot b}\right)=1272\times300\times\left(466-\frac{1272\times300}{2\times1.0\times11.9\times250}\right)$$
$$=153351892(\text{N}\cdot\text{mm})=153352(\text{N}\cdot\text{m})$$

代换后
$$A_{s2}f_{y2}\left(h_{02}-\frac{A_{s2}f_{y2}}{2\alpha_1 f_c \cdot b}\right)=1884\times210\times\left(450-\frac{1884\times210}{2\times1.0\times11.9\times250}\right)$$
$$=151730267(\text{N}\cdot\text{mm})=151730(\text{N}\cdot\text{m})$$

代换后 $151730 < 153352$（N·mm），相差 1622（N·mm），即比原设计构件截面强度低 1.06%。

因为允许偏差在 5% 以内，须征得设计人员同意后方准采用。

五、钢筋的绑扎与安装

（一）钢筋现场绑扎的准备工作

应作好充分和必要的准备工作，主要有：

1）核对成品钢筋的钢号、直径、形状、尺寸和数量等是否与料单、料牌相符。如有错漏，应纠正增补。

2）准备绑扎用的铁丝、绑扎工具（如钢筋钩），绑扎架等。

3）准备控制混凝土保护层用的水泥砂浆垫块或塑料块。

4）划出钢筋位置线。

5）绑扎形式复杂的结构部时，应先研究逐根钢筋穿插就位的顺序，并与模板工联系讨论支模和绑扎钢筋的先后次序，以减少绑扎困难。

（二）基础钢筋绑扎施工工艺

1. 施工准备

（1）技术准备

1）熟悉图纸、完成钢筋下料。

2）在垫层上弹出钢筋位置线。

3）做好技术交底。

（2）材料要求

1）工程所用钢筋种类、规格必须符合设计要求，并经检验合格。

2) 钢筋半成品符合设计及规范要求。

3) 钢筋绑扎用的钢丝（镀锌钢丝）可采用20～22号钢丝，其中22号钢丝只用于绑扎直径12mm以下的钢筋。钢筋绑扎钢丝长度参考表5-1。

钢筋绑扎钢丝长度参考表 (mm)　　　　表 5-1

钢筋直径(mm)	6～8	10～12	14～16	18～20	22	25	28	32
6～8	150	170	190	220	250	270	290	320
10～12		190	220	250	270	290	310	340
14～16			250	270	290	310	330	360
18～20				290	310	330	350	380
22					330	350	370	400

（3）主要机具

钢筋钩子、钢筋运输车、石笔、墨斗、尺子等。

（4）作业条件

1) 基础垫层完成，并符合设计要求。垫层上钢筋位置线已弹好。

2) 检查钢筋的出厂合格证，按规定进行复试，并经检验合格后方能使用。钢筋无老锈及油污，成型钢筋经现场检验合格。

3) 钢筋应按现场施工平面布置图中指定位置堆放，钢筋外表面如有铁锈时，应在绑扎前清除干净，锈蚀严重的钢筋不得使用。

4) 绑扎钢筋地点已清理干净。

2. 施工工艺

（1）工艺流程

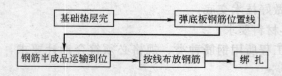

(2) 操作工艺

1) 将基础垫层清扫干净，用石笔和墨斗在上面弹放钢筋位置线。

2) 按钢筋位置线布放基础钢筋。

3) 绑扎钢筋。四周两行钢筋交叉点应每点绑扎牢。中间部分交叉点可相隔交错扎牢，但必须保证受力钢筋不位移。双向主筋的钢筋网，则需将全部钢筋相交点扎牢。相邻绑扎点的钢丝扣成八字形，以免网片歪斜变形。

4) 基础底板采用双层钢筋网时，在上层钢筋网下面应设置钢筋撑脚或混凝土块撑脚，以保证钢筋位置正确，钢筋撑脚下应垫在下片钢筋网上。见图 5-1 和图 5-2。

图 5-1　钢筋撑脚图（一）　　　图 5-2　钢筋撑脚图（二）

钢筋撑脚的形式和尺寸如图 5-1、图 5-2 所示。图 5-1 所示类型撑脚每隔 1m 放置 1 个。其直径选用：当板厚 $h \leqslant 300mm$ 时为 8～10mm；当板厚 $h=300～500mm$ 时为 12～14mm。当板厚 $h>500mm$ 时选用图 5-2 所示撑脚，钢筋直径为 16～18mm。沿短向通长布置，间距以能保证钢筋位置为准。

5) 钢筋的弯钩应朝上，不要倒向一边；双层钢筋网的上层钢筋弯钩应朝下。

6) 独立柱基础为双向弯曲，其底面短向的钢筋应放在长向钢筋的上面。

7) 现浇柱与基础连用的插筋，其箍筋应比柱的箍筋小一个柱筋直径，以便连接。箍筋的位置一定要绑扎固定牢靠，以免造成柱轴线偏移。

8) 基础中纵向受力钢筋的混凝土保护层厚度不应小于 40mm，当无垫层时不应小于 70mm。

9) 钢筋的连接:

(A) 受力钢筋的接头宜设置在受力较小处。接头末端至钢筋弯起点的距离不应小于钢筋直径的 10 倍。

(B) 若采用绑扎搭接接头,则接头相邻纵向受力钢筋的绑扎接头宜相互错开。钢筋绑扎接头连接区段的长度为 1.3 倍搭接长度 (l_l)。凡搭接接头中点位于该区段的搭接接头均属于同一连接区段。位于同一区段内的受拉钢筋搭接接头面积百分率为 25%。

(C) 当钢筋的直径 $d>16$mn 时,不宜采用绑扎接头。

(D) 纵向受力钢筋采用机械连接接头或焊接接头时,连接区段的长度为 $35d$ (d 为纵向受力钢筋直径的较大值) 且不小于 500mm。同一连接区段内,纵向受力钢筋的接头面积百分率应符合设计规定,当设计无规定时,应符合下列规定:

A) 在受拉区不宜大于 50%;

B) 直接承受动力荷载的基础中,不宜采用焊接接头;当采用机械连接接头时,不应大于 50%。

10) 基础钢筋的若干规定:

(A) 当条形基础的宽度 $B \geqslant 1600$mm 时,横向受力钢筋的长度可减至 $0.9B$,交错布置;

(B) 当单独基础的边长 $B \geqslant 3000$mm (除基础支承在桩上外) 时,受力钢筋的长度可减至 $0.9B$ 交错布置。

11) 基础浇筑完毕后,把基础上预留墙柱插筋扶正理顺,保证插筋位置准确。

12) 承台钢筋绑扎前,一定要保证桩基伸出钢筋到承台的锚固长度。

(三) 现浇框架结构钢筋绑扎施工工艺

1. 施工准备

(1) 技术准备

1)准备工程所需的图纸、规范、标准等技术资料,并确定其是否有效。

2)按图纸和操作工艺标准向班组进行安全、技术交底,对钢筋绑扎安装顺序予以明确规定:

(A)钢筋的翻样、加工;

(B)钢筋的验收;

(C)钢筋绑扎的工具;

(D)钢筋绑扎的操作要点;

(E)钢筋绑扎的质量通病防治。

(2)材料准备

1)成型钢筋:必须符合配料单的规格、尺寸、形状、数量,并应有加工出厂合格证。

2)钢丝:可采用20~22号钢丝(火烧丝)或镀钵钢丝。钢丝切断长度要满足使用要求。

3)垫块:宜用与结构等强度细石混凝土制成,50mm见方,厚度同保护层,垫块内预留20~22号火烧丝,或用塑料卡、拉筋、支撑筋。

(3)主要机具准备

钢筋钩子、撬棍、扳子、绑扎架、钢丝刷、手推车、粉笔、尺子等。

(4)作业条件

1)钢筋进场后应检查是否有出厂证明、复试报告,并按施工平面布置图指定的位置,按规格、使用部位、编号分别加垫木堆放。

2)做好抄平放线工作,弹好水平标高线,墙、柱、梁部位外皮尺寸线。

3)根据弹好的外皮尺寸线,检查下层预留搭接钢筋的位置、数量、长度,如不符合要求时,应进行处理。绑扎前先整理调直下层伸出的搭接筋,并将锈蚀、水泥砂浆等污垢清理干净。

4)根据标高检查下层伸出搭接筋处的混凝土表面标高(在

柱顶、墙顶）是否符合图纸要求，如有松散不实之处，要剔除并清理干净。

2. 施工工艺

（1）绑柱子钢筋

1）工艺流程：

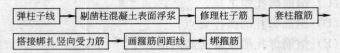

2）套柱箍筋：按图纸要求间距，计算好每根柱箍筋数量，先将箍筋套在下层伸出的搭接筋上，然后立柱子钢筋，在搭接长度内，绑扣不少于3个，绑扣要向柱中心。如果柱子主筋采用光圆钢筋搭接时，角部弯钩应与模扳成45°，中间钢筋的弯钩应与模板成90°。

3）搭接绑扎竖向受力筋：柱子主筋立起后，绑扎接头的搭接长度、接头面积百分率应符合设计要求。如设计无要求时应符合规范规定。

4）箍筋绑扎：

画箍筋间距线：在立好的柱子竖向钢筋上，按图纸要求用粉笔划箍筋间距线。

5）柱箍筋绑扎：

（A）按已划好的箍筋位置线，将已套好的箍筋往上移动，由上往下绑扎，宜采用缠扣绑扎，如图 5-3。

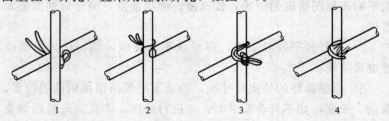

图 5-3 缠扣绑扎示意图
1、2、3、4—绑扎顺序

(B) 箍筋与主筋要垂直,箍筋转角处与主筋交点均要绑扎,主筋与箍筋非转角部分的相交点成梅花交错绑扎。

(C) 箍筋的弯钩叠合处应沿柱子竖筋交错布置,并绑扎牢固,见图5-4。

图5-4 柱箍筋交错布置示意图

(D) 有抗震要求的地区,柱箍筋端头应弯成135°,平直部分长度不小于10d(d为箍筋直径),见图5-5,如箍筋采用90°搭接,搭接处应焊接,焊缝长度单面焊缝不小于10d。

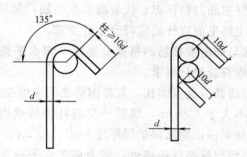

图5-5 箍筋抗震要求示意图

(E) 柱基、柱顶、梁柱交接处箍筋间距应按设计要求加密。柱上下两端箍筋应加密,加密区长度及加密区内箍筋间距应符合

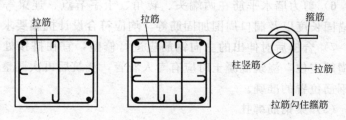

图5-6 拉筋布置示意图

设计图纸要求。如设计要求箍筋设拉筋时,拉筋应钩住箍筋,见图 5-6。

(F) 柱筋保护层厚度应符合规范要求,主筋外皮为 25mm,垫块应绑在柱竖筋外皮上,间距一般 1000mm,(或用塑料卡卡在外竖筋上)以保证主筋保护层厚度准确。当柱截面尺寸有变化时,柱筋应在板内弯折,弯后的尺寸要符合设计要求。

(2) 绑剪力墙钢筋

1) 工艺流程

2) 立 2~4 根主筋:将主筋与下层伸出的搭接筋绑扎,在主筋上画好水平筋分档标志,在下部及齐胸处绑两根横筋定位,并在横筋上画好主筋分档标志,接着绑其余主筋,最后再绑其余横筋。横筋在主筋里面或外面应符合设计要求。

3) 主筋与伸出搭接筋的搭接处需绑 3 根水平筋,其搭接长度及位置均应符合设计要求。

4) 剪力墙筋应逐点绑扎,双排钢筋之间应绑拉筋或支撑筋,其纵横间距不大于 600mm,钢筋外皮绑扎垫块或用塑料卡(也可采用梯子筋来保证钢筋保护层厚度)。

5) 剪力墙与框架柱连接处,剪力墙的水平横筋应锚固到框架柱内,其锚固长度要符合设计要求。如先浇筑柱混凝土后绑扎剪力墙筋时,柱内要预留连接筋或柱内预埋铁件,待柱拆模绑墙筋时作为连接用。其预留长度应符合设计或规范的规定。

6) 剪力墙水平筋在两端头、转角、十字节点、连梁等部位的锚固长度以及洞口周围加固筋等,均应符合设计抗震要求。

7) 合模后对伸出的主向钢筋应进行修整,宜在搭接处绑一道横筋定位,浇筑混凝土时应有专人看管,浇筑后再次调整以保证钢筋位置的准确。

(3) 梁钢筋绑扎

1) 工艺流程

模内绑扎：

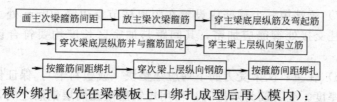

模外绑扎（先在梁模板上口绑扎成型后再入模内）：

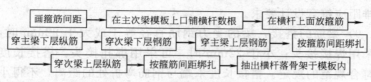

2）在梁侧模板上画出箍筋间距，摆放箍筋。

3）先穿主梁的下部纵向受力钢筋及弯起钢筋，将箍筋按已画好的间距逐个分开；穿次梁的下部纵向受力钢筋及弯起钢筋，并套好箍筋；放主次梁的架立筋；隔一定间距将架立筋与箍筋绑扎牢固；调整箍筋间距使间距符合设计要求，绑架立筋，再绑主筋，主次梁同时配合进行。

4）框架梁上部纵向钢筋应贯穿中间节点，梁下部纵向钢筋伸入中间节点锚固长度及伸过中心线的长度要符合设计要求。框架梁纵向钢筋在端节点内的锚固长度也要符合设计要求。

5）绑梁上部纵向筋的箍筋，宜用套扣法绑扎，如图 5-7。

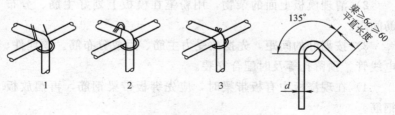

图 5-7 梁钢筋套扣法绑扎
1、2、3—绑扎顺序

6）箍筋在叠合处的弯钩，在梁中应交错绑扎，箍筋弯钩为 135°，平直部分长度为 $10d$，如做成封闭箍时，单面焊缝长度

为 $5d$。

7) 梁端第一个箍筋应设置在距离柱节点边缘 50mm 处。梁端与柱交接处箍筋应加密,其间距与加密区长度均要符合设计要求。

8) 在主、次梁受力筋下均应垫垫块(或塑料卡),保证保护层的厚度。受力筋为双排时,可用短钢筋垫在两层钢筋之间,钢筋排距应符合设计要求。

9) 梁筋的搭接:梁的受力钢筋直径等于或大于 22mm 时,宜采用焊接接头;小于 22mm 时,可采用绑扎接头,搭接长度要符合规范的规定。搭接长度末端与钢筋弯折处的距离,不得小于钢筋直径的 10 倍。接头不宜位于构件最大弯矩处,受拉区域内 HPB235 级钢筋绑扎接头的末端应做弯钩(HRB335 级钢筋可不做弯钩),搭接处应在中心和两端扎牢。接头位置应相互错开,当采用绑扎搭接接头时,在规定搭接长度的任一区域内有接头的受力钢筋截面面积占受力钢筋总截面面积百分率,受拉区不大于 50%。

(4) 板钢筋绑扎

1) 工艺流程

清理模板 → 模板上画线 → 绑板下受力筋 → 绑负弯矩钢筋

2) 清理模板上面的杂物,用粉笔在模板上划好主筋、分布筋间距。

3) 按划好的间距,先摆放受力主筋、后放分布筋。预埋件、电线管、预留孔等及时配合安装。

4) 在现浇板中有板带梁时,应先绑板带梁钢筋,再摆放板钢筋。

5) 绑扎板筋时一般用顺扣(图 5-8)或八字扣,除外围两根钢筋的相交点应全部绑扎外,其余各点可交错绑扎(双向板、相交点需全部绑扎)。如板为双层钢筋,两层钢筋之间须加钢筋、马凳,以确保上部钢筋的位置。负弯矩钢筋每个相交点均要绑扎。

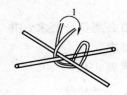 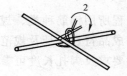 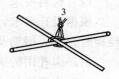

图 5-8 楼板钢筋绑扎

1、2、3—绑扎顺序

6) 在钢筋的下面垫好砂浆垫块，间距 1.5m。垫块的厚度等于保护层厚度，应满足设计要求，如设计无要求时，板的保护层厚度应为 15mm。钢筋搭接长度与搭接位置的要求与前面所述梁相同。

(5) 楼梯钢筋绑扎

1) 工艺流程

划位置线 → 绑主筋 → 绑分布筋 → 绑踏步筋

2) 在楼梯底板上划主筋和分布筋的位置线。

3) 根据设计图纸中主筋、分布筋的方向，先绑扎主筋后绑扎分布筋，每个交点均应绑扎。如有楼梯梁时，先绑梁后绑板筋。板筋要锚固到梁内。

4) 底板筋绑完，待踏步模板吊绑支好后，再绑扎踏步钢筋。主筋接头数量和位置均要符合设计和施工质量验收规范的规定。

（四）剪力墙钢筋绑扎施工工艺

1. 施工准备

(1) 技术准备

1) 熟悉图纸；钢筋下料、成型完毕并经检验合格；

2) 标出钢筋位置线；

3) 做好技术交底。

(2) 材料要求

根据设计要求，工程所用钢筋种类、规格必须符合要求，并经检验合格。钢筋及半成品符合设计及规范要求。

钢筋绑扎用的钢丝要求及绑扎长度可参见表 5-1。

(3) 主要机具

钢筋钩子、撬棍、钢筋扳子、绑扎架、钢丝刷子、钢筋运输车、石笔、墨斗、尺子等。

(4) 作业条件

1) 检查钢筋的出厂合格证，按规定进行复试，并经检验合格后方能使用；网片应有加工合格证并经现场检验合格；加工成型钢筋应符合设计及规范要求，钢筋无老锈及油污。

2) 钢筋或点焊网片应按现场施工平面布置图中指定位置堆放，网片立放时应有支架，平放时应垫平，垫木应上下对正，吊装时应使用网片架。

3) 钢筋外表面如有铁锈时，应在绑扎前清除干净，锈蚀严重的钢筋不得使用。

4) 外砖内模工程必须先砌完外墙。

5) 绑扎钢筋地点已清理干净。

6) 墙身、洞口位置线已弹好，预留钢筋处的松散混凝土已剔凿干净。

2. 施工工艺

(1) 剪力墙钢筋现场绑扎

1) 工艺流程

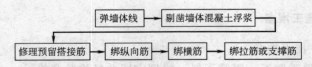

2) 操作工艺

(A) 将预留钢筋调直理顺，并将表面砂浆等杂物清理干净。

先立2~4根纵向筋,并划好横筋分档标志,然后于下部及齐胸处绑两根定位水平筋,并在横筋上划好分档标志,然后绑其余纵向筋,最后绑其余横筋。如剪力墙中有暗梁、暗柱时,应先绑暗梁、暗柱再绑周围横筋。

(B) 剪力墙钢筋绑扎完后,把垫块或垫圈固定好确保钢筋保护层的厚度。纵向钢筋的最小保护层厚度见表5-2。

纵向钢筋的混凝土保护层最小厚度 表5-2

环境类别		剪力墙		
		≤C20	C25~C45	≥C50
一		20	15	15
二	A		20	20
	B		25	20
三			30	25

注:1. 剪力墙中分布钢筋的保护层厚度不应小于本表中相应数值减10mm,且不应小于10mm,预应力钢筋保护层厚度不应小于15mm。
2. 混凝土结构的环境类别,见表5-3。

混凝土结构的环境类别 表5-3

环境类别		条 件
一		室内正常环境
二	A	室内潮湿环境;非严寒和非寒冷地区的露天环境、与无侵蚀性的水或土壤直接接触的环境
	B	严寒和寒冷地区的露天环境、与无侵蚀性的水或土壤直接接触的环境
三		使用除冰盐的环境;严寒和寒冷地区冬季水位变动的环境;滨海室外环境

(C) 剪力墙的纵向钢筋每段钢筋长度不宜超过4m(钢筋的直径≤12mm)或6m(直径>12mm),水平段每段长度不宜超过8m,以利绑扎。

(D) 剪力墙的钢筋网绑扎。全部钢筋的相交点都要扎牢,绑扎时相邻绑扎点的铁丝扣成八字形,以免网片歪斜变形。

（E）为控制墙体钢筋保护层厚度，宜采用比墙体竖向钢筋大一型号钢筋梯子凳措施，在原位替代墙体钢筋，间距 1500mm 左右，见图 5-9。

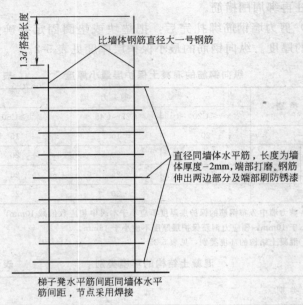

图 5-9　梯子凳详图

（F）剪力墙水平分布钢筋的搭接长度不应小于 $1.2l_a$（l_a 为钢筋锚固长度）。同排水平分布钢筋的搭接接头之间及上、下相邻水平分布钢筋的搭接接头之间沿水平方向的净间距不宜小于 500mm。若搭接采用焊接时应符合《钢筋焊接及验收规程》（JGJ 18—2003）的规定。

（G）剪力墙竖向分布钢筋可在同一高度搭接，搭接长度不应小于 $1.2l_a$。

（H）剪力墙分布钢筋的锚固：剪力墙水平分布钢筋应伸至墙端，并向内水平弯折 10d 后截断，其中 d 为水平分布钢筋直径。当剪力墙端部有翼墙或转角墙时，内墙两侧的水平分布钢筋和外墙内侧的水平分布钢筋应伸至翼墙或转角墙外边,并分别向两侧水平弯折后截断,其水平弯折长度不宜小于 $15d$。在转角墙处,外墙外侧的水平分布钢筋应在墙端外角处弯入翼墙,并与翼墙外侧水平分布钢筋搭接。搭接长度为 $1.2l_a$。

带边框的剪力墙,其水平和竖向分布钢筋宜分别贯穿柱、梁或锚固在柱、梁内。

(I) 剪力墙洞口连梁应沿全长配置箍筋,箍筋直径不宜小于6mm,间距不宜大于150mm。在顶层洞口连梁纵向钢筋伸入墙内的锚固长度范围内,应设置间距不大于150mm 的箍筋,箍筋直径与该连梁跨内箍筋直径相同。同时,门窗洞边的竖向钢筋应按受拉钢筋锚固在顶层连梁高度范围内。

(J) 混凝土浇筑前,对伸出的墙体钢筋进行修整,并绑一道临时横筋固定伸出筋的间距。墙体混凝土浇筑时派专人看管钢筋,浇筑完后,立即对伸出的钢筋进行修整。

(K) 外砖内模剪力墙结构,剪力墙钢筋与外砖墙连接:绑内墙钢筋时,先将外墙预留的拉结筋理顺,然后再与内墙钢筋搭接绑牢。

(2) 剪力墙采用预制焊接网片的绑扎

1) 工艺流程

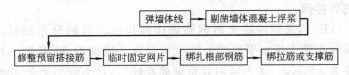

2) 操作工艺

(A) 将墙身处预留钢筋调直理顺,并将表面杂物清理干净。按图纸要求将网片就位,网片立起后用木方临时固定支牢。然后逐根绑扎根部搭接钢筋,在搭接部分和两端共绑 3 个扣。同时将门窗洞口处加固筋也绑扎,要求位置准确。洞口处的偏移预留筋应作成灯插弯(1:6)弯折到正确位置并理顺,使门窗洞口处的加筋位置符合设计图纸的要求。若预留筋偏移过大或影响门窗洞口时,应在根部切除并在正确位置采用化学注浆法植筋。

(B) 剪力墙中用焊接网作分布钢筋时可按一楼层为一个竖向单元。其竖向搭接可设在楼层面之上，搭接长度不应小于 $1.2l_a$ 且不应小于 400mm。在搭接的范围内，下层的焊接网不设水平分布钢筋，搭接时应将下层网的竖向钢筋与上层网的钢筋绑扎固定（见图 5-10）。

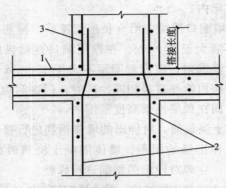

图 5-10 钢筋焊接网的竖向搭接图
1—楼板；2—下层焊接图；3—上层焊接

(C) 剪力墙结构的分布钢筋采用的焊接网，对一级抗震等级应采用冷轧带肋钢筋焊接网，对二级抗震等级宜采用冷轧带肋钢筋焊接网。

(D) 当采用冷拔光面钢筋焊接网作剪力墙的分布筋时，其竖向分布筋未焊水平筋的上端应有垂直于墙面的 90°弯钩，直钩长度为 5~10d（d 为竖向分布钢筋直径），且不应小于 50mm。

(E) 墙体中钢筋焊接网在水平方向的搭接可采用平接法或附加钢筋扣接法，搭接长度应符合设计规定。若设计无规定，则应符合《钢筋焊接网混凝土结构技术规程》（JGJ/T 114—97）中的 5.1.9 款、5.1.10 款的规定。

(F) 钢筋焊接网在墙体端部的构造应符合下列规定：

A) 当墙体端部无暗柱或端柱时，可用现场绑扎的附加钢筋连接。附加钢筋（宜优先选用冷轧带肋钢筋）的间距宜与钢筋焊接网的水平钢筋的间距相同，其直径可按等强度设计原则确定，附加钢筋的锚固长度不应小于最小锚固长度（见图5-11）。

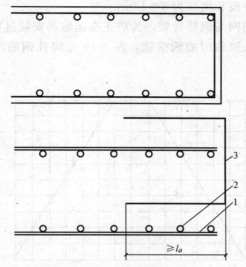

图5-11 钢筋焊接网在墙体端部（无暗柱）的构造图
1—焊接网水平钢筋；2—焊接网竖向钢筋；3—附加连接钢筋

B）当墙体端部设有暗柱或端柱时，焊接网的水平钢筋可插入柱内锚固，该插入部分可不焊接竖向钢筋，其锚固长度，对冷轧带肋钢筋应符合设计及规范规定；对冷拔光面钢筋宜在端头设置弯钩或焊接短筋，其锚固长度不应小于$40d$（对C20混凝土）或$30d$（对C30混凝土），且不应小于250mm，并应采用铁丝与柱的纵向钢筋绑扎牢固。当钢筋焊接网设置在暗柱或端柱钢筋外侧时，应与暗柱或端柱钢筋有可靠的连接措施。

（五）钢筋网与钢筋骨架安装

1. 绑扎钢筋网与钢筋骨架安装

（1）钢筋网与钢筋骨架的分段（块），应根据结构配筋特点及起重运输能力而定。一般钢筋网的分块面积以6～20m为宜，钢筋骨架的分段长度宜为6～12m。

(2) 钢筋网与钢筋骨架，为防止在运输和安装过程中发生歪斜变形，应采取临时加固措施，图5-12是绑扎钢筋网的临时加固情况。

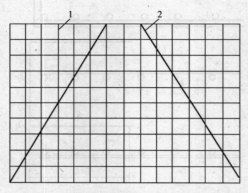

图5-12 绑扎钢筋网的临时加固
1—钢筋网；2—加固筋

(3) 钢筋网与钢筋骨架的吊点，应根据其尺寸、重量及刚度而定。宽度大于1m的水平钢筋网宜采用四点起吊；跨度小于6m的钢筋骨架宜采用二点起吊（图5-13a），跨度大、刚度差的钢筋骨架宜采用横吊梁（铁扁担）四点起吊（图5-13b）。为了防止吊点处钢筋受力变形，可采取兜底吊或加短钢筋。

(4) 绑扎钢筋网与钢筋骨架的交接处做法，与钢筋的现场绑扎同。

2. 钢筋焊接网安装

(1) 钢筋焊接网运输时应捆扎整齐、牢固，每捆重量不应超过2t，必要时应加刚性支撑或支架。

(2) 进场的钢筋焊接网宜按施工要求堆放，并应有明显的标志。

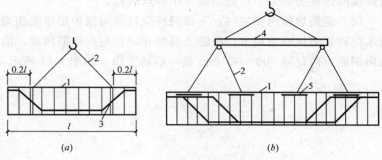

图 5-13 钢筋骨架的绑扎起吊
(a) 二点绑扎；(b) 采用横吊梁四点绑扎
1—钢筋骨架；2—吊索；3—兜底索；4—横吊梁；5—短钢筋

（3）对两端须插入梁内锚固的焊接网，当网片纵向钢筋较细时，可利用网片的弯曲变形性能，先将焊接网中部向上弯曲，使两端能先后插入梁内，然后铺平网片；当钢筋较粗焊接网不能弯曲时，可将焊接网的一端少焊 1～2 根横向钢筋，先插入该端，然后退插另一端，必要时可采用绑扎方法补回所减少的横向钢筋。

（4）钢筋焊接网的搭接、构造，应符合有关规定。两张网片搭接时，在搭接区中心及两端应采用铁丝绑扎牢固。在附加钢筋

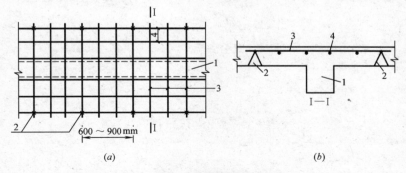

图 5-14 上部钢筋焊接网的支撑
1—梁；2—支撑；3—短向钢筋；4—长向钢筋

与焊接网连接的每个节点处均应采用铁丝绑扎。

（5）钢筋焊接网安装时，下部网片应设置与保护层厚度相当的水泥砂浆垫块或塑料卡；板的上部网片应在短向钢筋两端，沿长向钢筋方向每隔600～900mm 设一钢筋支撑，如图 5-14 所示。

六、建筑工程施工组织

（一）施工现场管理

1. 施工项目现场管理的概念

施工项目现场是指从事工程施工活动经批准占用的施工场地。它既包括红线以内占用的建筑用地和施工用地，又包括红线以外现场附近，经批准占用的临时施工用地。

施工项目现场管理是指项目经理部按照《施工现场管理规定》和城市建设管理的法规，科学合理地安排使用施工现场，协调各专业管理和各项施工活动，控制污染，文明安全的施工环境和人、材、物、资金流畅通的施工秩序所进行的一系列管理工作。

2. 施工项目现场管理的主要内容

（1）规划及报批施工用地

1）根据施工项目及建筑用地的特点科学规划，充分、合理使用施工现场场内占地。

2）当场内空间不足时，应会同发包人按规定向城市规划部门、公安交通部门申请，经批准后，方可使用场外施工临时用地。

（2）设计施工现场平面图

1）根据建筑总平面图、单位工程施工图、拟定的施工方案、现场地理位置和环境及政府部门的管理标准，充分考虑现场布置的科学性、合理性、可行性，设计施工总平面图、单位工程施工平面图。

2）单位工程施工平面图应根据施工内容和分包单位的变化，设计出阶段性施工平面图，并在阶段性进度目标开始实施前，通过施工协调会议确认后实施。

（3）建立施工现场管理组织

1）项目经理全面负责施工过程中的现场管理，并建立施工项目现场管理组织体系。

2）施工项目现场管理组织应由主管生产的副经理、主任工程师、分包人、生产、技术、质量、安全、保卫、消防、材料、环保、卫生等管理人员组成。

3）建立施工项目现场管理规章制度和管理标准、实施措施、监督办法和奖惩制度。

4）根据工程规模、技术复杂程度和施工现场的具体情况，遵循"谁生产、谁负责"的原则，建立按专业、岗位、区片的施工现场管理责任制，并组织实施。

5）建立现场管理例会和协调制度，通过调度工作实施的动态管理，做到经常化、制度化。

（4）建立文明施工现场

1）遵循国务院及地方建设行政主管部门颁布的施工现场管理法规和规章认真管理施工现场。

2）按审核批准的施工总平面图布置和管理施工现场，规范场容。

3）项目经理部应对施工现场场容、文明形象管理做出总体策划和部署，分包人应在项目经理部指导和协调下，按照分区划块原则做好分包人施工用地场容、文明形象管理的规划。

4）经常检查施工项目现场管理的落实情况，听取社会公众、近邻单位的意见，发现问题，及时处理。

5）不留隐患，避免再度发生，并实施奖惩。

6）接受政府建设行政主管部门的考评机构和企业对建设工

程施工现场管理的定期抽查、日常检查、考评和指导。

7)加强施工现场文明建设,展示和宣传企业文化,塑造企业及项目经理部的良好形象。

(5)及时清场转移

1)施工结束后,应及时组织清场,向新工地转移。

2)组织剩余物资退场,拆除临时设施,清除建筑垃圾,按市容管理要求恢复临时占用土地。

3. 施工项目现场管理的要求

(1)现场标志

1)在施工现场门头设置企业名称、标志;

2)在施工现场主要进出口处醒目位置设置施工现场公示和施工总平面图;

3)工程概况(项目名称)牌;

4)施工总平面图;

5)安全无重大事故计数牌;

6)安全生产、文明施工牌;

7)项目主要管理人员名单及项目经理部组织结构图;

8)防火须知牌及防火标志(设置在施工现场重点防火区域和场所);

9)安全纪律牌(设置在相应的施工部位、作业点、高空施工区及主要通道口)。

(2)场容管理

1)遵守有关规划、市政、供电、供水、交通、市容、安全、消防、绿化、环保、环卫等部门的法规、政策,接收其监督和管理,尽力避免和降低施工作业对环境的污染和对社会生活正常秩序的干扰。

2)施工总平面图设计应遵循施工现场管理标准,合理可行,充分利用施工场地和空间,降低各工种作业活动相互干扰,符合安全防火、环保要求。保证高效有序顺利文明施工。施工现场实行封闭式管理，在现场周边应设置临时维护设施（市区内其高度应不低于1.8m），维护材料要符合市容要求；在建工程应采用密闭式安全网全封闭。

3）严格按照已批准的施工总平面图或相关的单位工程施工平面图划定的位置，布置施工项目的主要机械设备、脚手架、模具，施工临时道路及进出口，水、气、电管线，材料制品堆场及仓库。土方及建筑垃圾，变配电间、消防设施、警卫室、现场办公室、生产生活临时设施，加工场地、周转使用场地等，井然有序。

4）施工物料器具除应按照施工平面图指定位置就位布置外，尚应根据不同特点和性质，规范布置方式和要求。做到位置合理、码放整齐、限宽限高、上架入箱、规格分类、挂牌标识，便于来料验收、清点、保管和出库使用。

5）大型机械和设施位置布局合理，力争一步到位；需按施工内容和阶段调整现场布置时，应选择调整耗费较小，影响面小或已经完成作业活动的设施；大宗材料应根据使用时间，有计划地分批进场，尽量靠近使用地点，减少二次搬运，以免浪费。

6）施工过程应合理有序，尽量避免前后反复，影响施工；对平面和高度也要进行合理分块分区，尽量避免各分包或各工种交叉作业、互相干扰，维持正常的施工秩序。

7）坚持各项作业落手清，即工完料尽场地清，杜绝废料残渣遍地、好坏材料混杂，改善施工现场脏、乱、差、险的状况。

8）做好原材料、成品、半成品、临时设施的保护工作。

9）明确划分施工区域、办公区、生活区域。生活区内宿舍、食堂、厕所、浴室齐全，符合卫生标准；各区都有专人负责，创造一个整齐、清洁的工作和生活环境。

（3）环境保护

1）施工现场泥浆、污水未经处理不得直接排入城市排水设施和河流、湖泊、池塘。

2）除有符合规定的装置外，不得在施工现场熔化沥青或焚烧油毡、油漆，亦不得焚烧其他可产生有毒有害烟尘和恶臭气味的废弃物，禁止将有毒有害废弃物做土方回填。

3）建筑垃圾、渣土应在指定地点堆放，及时运到指定地点清理；高空施工的垃圾和废弃物应采用密闭式串筒或其他措施清理搬运；装载建筑材料、垃圾、渣土等散碎物料的车辆应有严密遮挡措施，防止飞扬、洒漏或流溢；进出施工现场的车辆应经常冲洗，保持清洁。

4）在居民和单位密集区域进行爆破、打桩等施工作业前，项目经理部除按规定报告申请批准外还应将作业计划、影响范围、程度及有关措施等情况，向有关的居民和单位通报说明，取得协作和配合；施工机械的噪声与振动扰民，应有相应的措施予以控制。

5）经过施工现场的地下管线，应由发包人在施工前通知承包人，标出位置，加以保护。

6）施工时发现文物、古迹、爆炸物、电缆等，应当停止施工，保护好现场，及时向有关部门报告，按照有关规定处理后方可继续施工。

7）施工中需要停水、停电、封路而影响环境时，必须经有关部门批准，事先告示，并设有标志。

8）温暖季节宜对施工现场进行绿化布置。

(4) 防火保安

1）应做好施工现场保卫工作，采取必要的防盗措施。现场应设立门卫，施工现场的主要管理人员应佩带证明身份的证卡，应采用现场施工人员标识，有条件时可对进出场人员使用遥卡管理。

2）承包人必须严格按照《中华人民共和国消防条例》的规定，在施工现场建立和执行消防管理制度，现场必须安排消防车出入口和消防道路，设置符合要求的消防设施，保持完好的备用状态，在容易发生火灾的地区或储存、使用易燃、易爆器材时，承包人应当采取特殊的消防安全措施。施工现场严禁吸烟，必要时可设吸烟室。

3）施工现场的通道、消防入口、紧急疏散楼道等，均应有明显标志或指示牌。有高度限制的地点应有限高标志；临街脚手架、高压电缆，起重机杆回转半径伸至街道的，均应设安全隔离棚；在行人、车辆通行的地方施工，应当设置沟、井、坎、穴覆盖物和标志；夜间设置灯光指示标志；危险品库附近有明显标志及围挡措施，并设专人管理。

4）施工中需要进行爆破作业的，必须经上级主管部门审查批准。并持说明爆破器材的地点、品名，数量、用途、四邻距离的文件和安全操作规程，向所在地县、市公安局申领爆破物品使用许可证，由具备爆破资质的专业人员按有关规定进行施工。

5）关键岗位和有危险作业活动的人员必须按有关规定，经培训、考核，持证上岗。

6）承包人应考虑规避施工过程中的一些风险因素，向保险公司投施工保险和第三者责任险。

(5) 卫生防疫及其他

1）现场应准备必要的医疗保健设施。在办公室内显著地点张贴急救车和有关医院电话号码。

2）施工现场不宜设置职工宿舍，必须设置时应尽量和施工场地分开。

3）现场应设置饮水设施，食堂、厕所要符合卫生要求。根据需要制定防暑降温措施，进行消毒，防毒和注意食品卫生等。

4）现场应进行节能、节水管理，必要时下达使用指标。

5）现场涉及的保密事项应通知有关人员执行。

6）参加施工的各类人员都要保持个人卫生、仪表整洁，同时还应注意精神文明，遵守公民社会道德规范，不打架、不赌博、不酗酒等。

（二）流水施工原理

流水施工是一种科学、有效的工程项目施工组织方法之一，它可以充分地利用工作时间和操作空间，减少非生产性劳动消耗,提高劳动生产率,保证工程施工连续、均衡、有节奏地进行,从而对提高工程质量、降低工程造价、缩短工期有着显著的作用。

1. 流水施工的特点

(1) 组织施工的方式

工业生产的实践证明,流水施工作业法是组织生产的有效方法。流水作业法的原理同样也适用于土木工程的施工。

土木工程的流水施工与一般工业生产流水线作业十分相似。不同的是,工业生产的流水作业,专业生产者是固定的,而各产品或中间产品在流水线上流动,由前个工序流向后一个工序;而在土木施工中的产品或中间产品是固定不动的,而专业施工队则是流动的,他们由前一施工段流向后一施工段。

为了说明土木工程中采用流水施工的特点,可比较建造三幢结构相同的房屋时,施工分别采用的依次施工、平行施工和流水施工三种不同的施工组织方法。三幢房屋的编号分别为Ⅰ、Ⅱ、Ⅲ,各建筑物的基础工程均可分解为挖土方、浇混凝土基础和回填土三个施工过程,分别由相应的专业队按施工工艺要求依次完成,每个专业队在每幢建筑物的施工时间均为5周,各专业队的人数分别为10人、16人和8人。三幢建筑物基础工程施工的不同组织方式如图6-1所示。

采用平行施工时。三幢房屋同时开工、同时竣工。这样施工显然可以大大缩短工期,但是各专业工作队同时投入工作的队数却大大增加,相应的劳动力以及物资资源的消耗量集中,这都会给施工带来不良的经济效果。

采用流水施工时,是将三幢房屋依次保持一定的时间搭接起来,陆续开工,陆续完工。即把各房屋的施工过程搭接起来,使各专业工作队的工作具有连续性,而物资资源的消耗具有均衡性。流水施工与依次施工相比工期也较短。

流水施工的特点是物资资源需求的均衡性;专业工作队工作

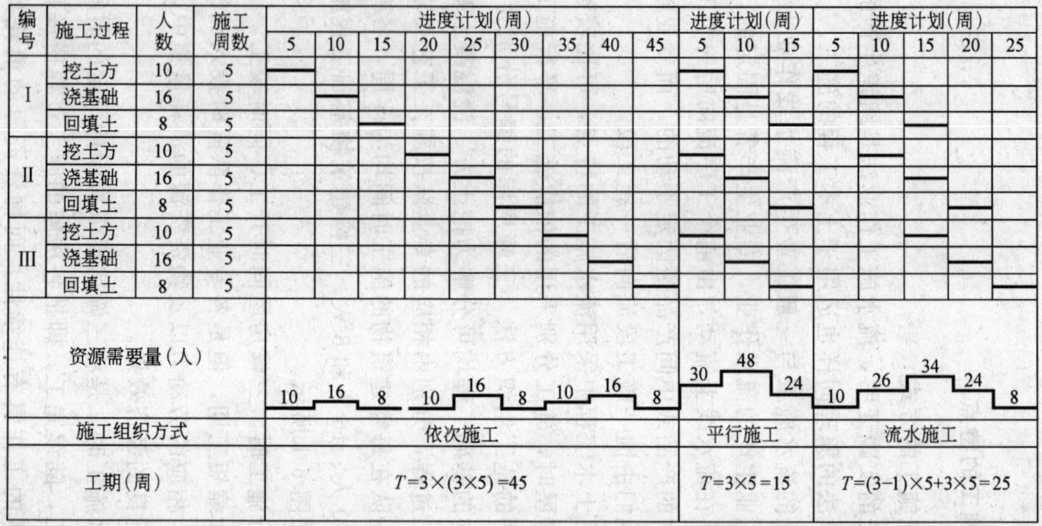

编号	施工过程	人数	施工周数	进度计划(周) 5 10 15 20 25 30 35 40 45	进度计划(周) 5 10 15 20 25	进度计划(周) 5 10 15 20 25
Ⅰ	挖土方	10	5			
	浇基础	16	5			
	回填土	8	5			
Ⅱ	挖土方	10	5			
	浇基础	16	5			
	回填土	8	5			
Ⅲ	挖土方	10	5			
	浇基础	16	5			
	回填土	8	5			
资源需要量(人)				10 16 8 10 16 8 10 16 8	30 48 24	10 26 34 24 8
施工组织方式				依次施工	平行施工	流水施工
工期(周)				$T=3\times(3\times5)=45$	$T=3\times5=15$	$T=(3-1)\times5+3\times5=25$

图 6-1 施工方式比较图

的连续性，合理地利用工作面，又能使工期较短。同时，流水施工是一种合理的、科学的施工组织方法，它可以在土木工程施工中带来良好的经济效益。

(2) 流水作业须考虑的因素

在组织施工流水作业时，应考虑以下因素：

1) 把工作面合理分成若干段（水平段、垂直段）。
2) 各专业施工队按工序进入不同施工段。
3) 确定每一施工过程的延续时间，工作量接近。
4) 各施工段连续、均衡施工。
5) 各工种之间合理的施工关系，相互补充。

流水作业施工，其施工段（层）的划分，根据工程性质类型、结构、工作面的大小、施工条件等确定。

(3) 流水施工表达方式

工程施工进度计划图表是反映工程施工时各施工过程按其工艺上的先后顺序、相互配合的关系和它们在时间、空间上的开展情况。

流水施工的工程进度计划图表采用线条图表示时，按其绘制方法的不同分为水平图表（又称横道图）（图 6-2 (a)）及垂直图表（又称斜线图）（图 6-2 (b)）。图中水平坐标表示时间；垂直坐标表示施工对象；n 条水平线段或斜线表示 n 个施工过程在时间和空间上的流水开展情况。在水平图表中，也可用垂直坐标表示施工过程，此时 n 条水平线段则表示施工对象。垂直图表中垂直坐标的施工对象编号是由下而上编写的。

水平图表具有绘制简单，流水施工形象直观的优点。垂直图表能直观地反映出在一个施工段中各施工过程的先后顺序和相互配合关系，而且可由其斜线的斜率形象地反映出各施工过程的流水强度。

横道图具有绘制简单，使用方便，流水施工形象直观的优点，因而被广泛用来表达施工进度计划。垂直图表能直观地反映出在一个施工段中各施工过程的先后顺序和相互配合关系，时间

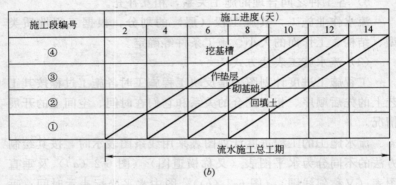

图 6-2 工程进度计划图表
(a) 流水施工横道图表示法；(b) 流水施工垂直图法

和空间状况形象直观，而且可由其斜线的斜率形象地反映出各施工过程的流水强度，但编制实际工程进度计划不如横道图方便。

2. 流水施工参数

为了说明组织流水施工时，各施工过程在时间上和空间上的开展情况及相互依存关系，必须引入一些描述工艺流程、空间布置和时间安排的参数，这些参数成为流水参数，它包括工艺参数、时间参数和空间参数。

(1) 工艺参数

工艺参数主要是指在组织流水施工时,用来表达流水施工在施工工艺方面进展状态的参数,通常包括施工过程和流水强度两个参数。

1)施工过程数(n)

施工过程是工艺参数之一。一个工程的施工,通常由许多施工过程(如挖土、支模、扎筋、浇筑混凝土等)组成。施工过程的划分应按照工程对象、施工方法及计划性质等来确定。

当编制控制性施工进度计划时,组织流水施工的施工过程划分可粗一些,一般只列出分部工程名称,如基础工程、主体结构吊装工程、装修工程、屋面工程等。当编制实施性施工进度计划时,施工过程可以划分得细一些,将分部工程再分解为若干分项工程。如将基础工程分解为挖土、浇筑混凝土基础、砌筑基础墙、回填土等。但是其中某些分项工程仍由多工种来实现,特别是对其中起主导作用和主要的分项工程,往往考虑到按专业工种的不同,组织专业工作队进行施工,为便于掌握施工进度,指导施工,可将这些分项工程再进一步分解成若干个由专业工种施工的工序作为施工过程的项目内容。因此施工过程的性质,有的是简单的,有的是复杂的。如一幢建筑的施工过程数 n,一般可分为 20~30 个,工业建筑往往划分更多一些。而一个道路工程的施工过程数 n,则只分为 4~5 个。

施工过程分三类:即制备类、运输类和建筑类。制备类就是为制造建筑制品和半制品而进行的施工过程,如制作砂浆、混凝土、钢筋成型等。运输类就是把材料、制品运送到工地仓库或在工地进行转运的施工过程。建造类是施工中起主导地位的施工过程,它包括安装、砌筑等施工。在组织流水施工计划时,建造类必须列入流水施工组织中,制备类和运输类施工过程,一般在流水施工计划中不必列入,只有直接与建造类有关的(如需占用工期,或占用工作面而影响工期等)运输过程或制备过程,才列入流水施工的组织中。

2)流水强度(V)

流水强度（V）也是一个工艺参数。它是指流水施工某施工过程（专业工作队）在单位时间内所完成的工程量（如浇捣混凝土施工过程，每工作班能浇筑多少立方米混凝土）。它又称流水能力或生产能力。

流水强度可用公式（6-1）计算求得：

$$V = \sum_{i=1}^{X} R_i S_i \tag{6-1}$$

式中　V——某施工过程（队）的流水强度；
　　　R_i——投入该施工过程中的第 i 种资源量（施工机械台数或工人数）；
　　　S_i——投入该施工过程中第 i 种资源的产量定额；
　　　X——投入该施工过程中的资源种类数。

（2）时间参数

时间参数指在组织流水施工时，用来表达流水施工在时间安排上所处状态的参数，主要包括流水节拍、流水步距、流水施工工期和间歇时间。

1）流水节拍（t）

流水节拍（t）是一个施工过程在一个施工段上的持续时间，它是流水施工中的时间参数。它的大小关系着投入的劳动力、机械和材料量的多少，决定着施工的速度和施工的节奏性。因此，流水节拍的确定具有很重要的意义。通常有两种确定方法，一种是根据工期的要求来确定，另一种是根据现有能够投入的资源（劳动力、机械台数和材料量）来确定。

流水节拍的算式如下：

$$t = \frac{Q}{SR} = \frac{P}{R}$$

式中　Q——某施工段的工程量；
　　　S——每一工日（或台班）的计划产量；
　　　R——施工人数（或机械台数）；

P——某施工段所需要的劳动量（或机械台班量）。

2）流水步距（K）

两个相邻的施工过程先后进入流水施工的时间间隔，叫流水步距。流水步距属于时间参数，它用符号 K 来表示。如木工工作队第 1 天进入第一施工段工作，工作 2d 做完（流水节拍 $K=2d$），第 3 天开始钢筋工作队进入第一施工段工作。木工工作队与钢筋工作队先后进入第一施工段的时间间隔为 2d，那么流水步距 $K=2d$。

流水步距的数目取决于参加流水的施工过程数，如施工过程数为 n 个，则流水步距的总数为 $n-1$ 个。

确定流水步距的基本要求如下：

（A）始终保持合理的先后两个施工过程工艺顺序；

（B）尽可能保持各施工过程的连续作业；

（C）做到前后两个施工过程施工时间的最大搭接（即前一施工过程完成后，后一施工过程尽可能早地进入施工）。

3）流水施工工期（T）

流水施工工期是指从第一个专业工作队投入流水施工开始，到最后一个专业工作队完成流水施工为止的整个持续时间。由于一项建设工程往往包含有许多流水组，故流水施工工期一般均不是整个工程的总工期。

4）间歇时间（Z）

流水施工往往由于工艺要求或组织因素要求，两个相邻的施工过程增加一定的流水间隙时间，这种间隙时间是必要的，它们分别称为工艺间隙时间和组织间隙时间。

（A）工艺间隙时间（Z_1）

根据施工过程的工艺性质，在流水施工中除了考虑两个相邻施工过程之间的流水步距外，还需考虑增加一定的工艺间隙时间。如楼板混凝土浇筑后，需要一定的养护时间才能进行后道工序的施工；又如屋面找平层完成后，需等待一定时间，使其彻底干燥，才能进行屋面防水层施工等。这些由于工艺原因引起的等待时间,称为工艺间歇时间。

(B) 组织间歇时间(Z_2)

由于组织因素要求两个相邻的施工过程在规定的流水步距以外增加必要的间隙时间,如质量验收、安全检查等。这种间歇时间称为组织间歇时间。

上述两种间歇时间在组织流水施工时,可根据间歇时间的发生阶段或一并考虑、或分别考虑,以灵活应用工艺间歇和组织间歇的时间参数特点,简化流水施工组织。

(3) 空间参数

空间参数是指在组织流水施工时,用以表达流水施工在空间布置上开展状态的参数。通常包括工作面和施工段。

1) 工作面

工作面是指供某专业工种的工人或某种施工机械进行施工的活动空间。工作面的大小,表明能安排施工人数或机械台数的多少。每个作业的工人或每台施工机械所需工作面的大小,取决于单位时间内其完成的工程量和安全施工的要求。工作面确定得合理与否,直接影响专业工作队的生产效率。因此,必须合理确定工作面。

2) 施工段

施工段将施工对象在平面或空间上划分成若干个劳动量大致相等的施工段落,称为施工段或流水段。施工段的数目一般用 m 表示,它是流水施工的主要参数之一。

(A) 划分施工段的目的

划分施工段的目的是为了组织流水施工。由于建设工程体形庞大,可以将其划分为若干个施工段,从而为组织流水施工提供足够的空间。在组织流水施工时,专业工作队完成一个施工段上的任务后,遵循施工组织顺序又到另一个施工段上作业,产生连续流动施工的效果。在一般情况下,一个施工段在同一时间内,只安排一个专业工作队施工,各专业工作队遵循施工工艺顺序依次投入作业,同一时间内在不同的施工段上平行施工,使流水施工均衡地进行。组织流水施工时,可以划分足够数量的施工段,充分利用工作面,避免窝工,尽可能缩短工期。

(B) 划分施工段的原则

施工段是组织流水作业的基础,划分施工段的主要目的在于使各个施工过程的施工队能集中于一个施工段,迅速完成工作,及早地使下一个施工过程投入。划分施工段（m）时,应考虑以下几点:

A) 主要施工过程在各施工段的工程量尽量接近。

B) 施工段的划分应尽量合理,不宜过多,否则会造成人员搭配不当影响工期。

C) 施工段的界限应尽可能与结构界限（如沉降缝、伸缩缝等）相吻合,或设在对建筑结构整体性影响小的位置,以保证建筑结构的整体性。

D) 施工段工作面不宜太小,没有足够的工作面,工人操作不便既影响工效,又不安全。

E) 施工段工作面也不宜太大,工作面过大,会造成工作面利用的不充分而拖延工期。

F) 施工段的划分应有利于结构的整体性。分段应在伸缩缝、沉降缝以及门窗洞口处,以减少对结构整体性的影响,减少墙体的接槎长度。

G) 组织有层高关系的流水作业时,分段又分层时,应使各施工队能够连续施工,即每个施工队完成了上一段的任务可以立即转入下一段,否则将会出现窝工现象。其每层的最少施工段数 m 应大于（或等于）施工过程数。

$$即\ m_{\min} \geqslant n$$

例如一个工程有五个施工过程（砌墙、绑扎钢筋、支模板、浇筑混凝土、盖楼板）,若分成五个施工段（即 $m=n$）,则可以五个工种同时生产,其工作面利用率为100%,若分成五个以上施工段（即 $m>n$）则就会有工作面处于停歇状态,但每个施工队仍能连续作业；若分成小于五个施工段（即 $m<n$），则就会出现施工队不能连续作业的现象，造成窝工，因此施工段数 m 不可以小于施工过程数 n，这样对组织流水作业是不利的。

3. 流水施工的基本组织方式

在流水施工中，由于流水节拍的规律不同，决定了流水步距、流水施工工期的计算方法等也不同，甚至影响到各个施工过程的专业工作队数目。因此，有必要按照流水节拍的特征将流水施工进行分类，其分类情况如图 6-3 所示。

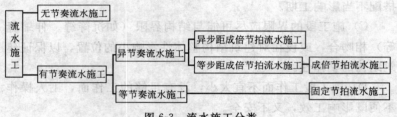

图 6-3 流水施工分类

（1）有节奏流水施工

有节奏流水施工是指在组织流水施工时，将一个施工过程在各个施工段上时流水节拍都各自相等的流水施工，它分为等节奏流水施工和异节奏流水施工。

1) 等节奏流水施工

等节奏流水施工是指在有节奏流水施工中，各施工过程的流水节拍都相等的流水施工，也称为固定节拍流水施工或全等节拍流水施工。

2) 异节奏流水施工

异节奏流水施工是指在有节奏流水施工中，各施工过程的流水节拍各自相等而不同施工过程之间的流水节拍不尽相等的流水施工。在组织异节奏流水施工时，又可以采用等步距和异步距两种方式。

（A）等步距异节奏流水施工

等步距异节奏流水施工是指在组织异节奏流水施工时,按每个施工过程流水节拍之间的比例关系,成立相应数量的专业工作队而进行的流水施工,也称为成倍节拍流水施工。

(B) 异步距异节奏流水施工

异步距异节奏流水施工是指组织异节奏流水时,每一施工过程成立一个专业工作队,由其完成各施工段任务的流水施工。

(2) 无节奏流水施工

无节奏流水施工是指在组织流水施工时,全部或部分施工过程在各个施工段上的流水节拍不相等的流水施工。这种施工是流水施工中最常见的一种方式。

七、质量管理

（一）质量管理

工程质量管理是企业管理的一大核心，是企业经济效益的基础。只有保证了工程质量，才能使企业立于不败之地，才能为国家、为企业、为个人创造大的效益和收益。

保证工程质量的管理则是从班组开始，工序开始，因此班组在提高工程质量的工作中负有重要的责任。抓好班组质量管理建设，使人人提高质量意识，提高优质品率，降低不合格品率，是保证工程质量，降低消耗，保证工程进度和提高企业效益的最佳途径。

在工程工序班组质量管理中贯彻 ISO 9000 系列质量管理标准，推行 TQC（即全面质量管理）活动，加强班组、工序间的自检、互检、交接验收检查，则是消除隐患，减少事故，提高操作责任心，提高各工序、班组施工质量的主要方法。

钢筋工程在建筑工程结构中起着重要的作用，且在结构混凝土浇筑后无法检查。所以在钢筋工程施工中，质量的保证和检查更为重要。钢筋工程的质量检查如前所述，从原材料进场开始到钢筋加工中的一道道工序，一直到安装完成后的交接验收阶段，全部在钢筋工的质量负责期内。因此在任何工程中钢筋的受检期最长。

1. 全面质量管理（TQC）

全面质量管理是通过改善和提高工作质量来保证产品质量；

通过对产品的形成和使用全过程管理,全面保证产品质量;通过形成生产(服务)企业全员、全企业、全过程的质量工作系统,建立质量体系以保证产品质量始终满足用户需要,使企业用最少的投入获取最佳的效益。全面质量管理是把后检验转变为先把关,把分散管理转变为系统全面的管理和综合治理,抓住主要矛盾作经常全面的分析,以实行预防为主的生产全过程的质量控制体系。

全面质量管理的基本观点是全面质量的观点、为用户服务的观点、预防为主的观点、用数据说话的观点。

全面质量管理的主要工作内容包括:工程质量的检验和评定、质量监督、工程通病的防治、质量事故的处理。

建立起由建设单位、施工单位、设计单位和工程质量监理单位统一监督和仲裁的质量管理机构。

质量的检验主要是指:自检、互检、交接检和预检、隐检。

全面质量管理即是各级按自己所管的范围对自己所从事和管理的工程工作项目建立 P(计划)、D(实施)、C(检查)、A(处理)的质保计划体系,建立起 QC 小组不定期地对工程施工中的质量、进度、安全、节约、文明施工等问题运用全面质量管理的方法进行原因、分布、规律的分析,并相应地提出措施和处理意见,往复循环以提高职工的全面质量管理意识。

2. ISO 9000 标准简介

钢筋工程施工包括钢筋加工和安装两个部分,而加工又包括了多道工序。各部分、各工序均有其质量要求,这种质量的要求随着社会的进步、知识的普及、工程技术含量的提高也在逐步提高。钢筋工程的质量管理也随之改革,由过去的操作工操作、质量员检查通过、浇筑混凝土,到学习国外先进经验搞 TQC 活动进入全面质量管理体系,但还是局限在自身的工作范围内。随着我国经济必须与世界接轨,我们的质量管理体系的腾飞,建筑企业已走进世界大市场,因此需要了解 ISO 9000 质量管理体系的基础知识。

(1) ISO 9000 标准演变

国际标准化组织（ISO）在 1986 年发布了 ISO 8402《质量——术语》，1987 年又发布了 ISO 9000《质量管理和质量保证标准——选择和使用指南》、ISO 9001《质量体系——设计、开发、生产、安装和服务的质量保证模式》、ISO 9002《质量体系——生产和安装的质量保证模式》、ISO 9003《质量体系——最终检验和试验的质量保证模式》、ISO 9004《质量管理和质量体系要素——指南》等六项国际标准，即"ISO 9000 系列标准"，也称 1987 版 15D9000 系列国际标准。

但是，1987 版标准在贯彻实施过程中，各国普遍反映标准系列整体水平不高，过于简单，偏重于供方向需方提供质量保证，而对质量管理要求不严。传统的质量管理思想和方法比较多，现代的质量管理技术应用不够，而且缺乏对人的积极性和创造性的运用，例如只强调纠正措施，而没有运用预防措施。标准中对能够发生变异或变差的统计技术应用不够，对产品质量和服务质量的特性的统计要求也很少。标准偏重于质量体系认证注册的需要，在一定程度上忽视了顾客对质量体系的要求。

为此，国际标准化组织，特别是负责制定 ISO 9000 系列标准的质量管理和质量保证技术委员会（ISO/TC 176）针对上述问题，决定对 1987 年版的 ISO 9000 系列标准进行修订，并于 1994 年发布了 ISO 8402、ISO 9000—1、ISO 9001、ISO 9002、ISO 9003 和 ISO 9004—1 等 6 项国际标准，通称为 1994 版 ISO 9000 系列标准，这些标准分别取代了 1987 版的 6 项标准。与此同时，并陆续制定和发布了 10 项指南性的国际标准，形成了相互配套的系列。这样，1994 年版 ISO 9000 族国际标准共有以下 16 项：

1）ISO 8402：1994《质量管理和质量保证——术语》；

2）ISO 9000—1：1994《质量管理和质量保证标准——第 1 部分：选择和使用指南》；

3) ISO 9000—2:1993《质量管理和质量保证标准——第2部分:ISO 9001~9003 的实施通用指南》;

4) ISO 9000—3:1991《质量管理和质量保证标准——第3部分:ISO 9001 在软件开发、供应和维护中的使用指南》;

5) ISO 9000—4:1993《质量管理和质量保证标准——第4部分:可信性大纲管理指南》;

6) ISO 9001:1994《质量体系:设计、开发、生产、安装和服务的质量保证模式》;

7) ISO 9002:1994《质量体系——生产、安装和服务的质量保证模式》;

8) ISO 9003:1994《质量体系——最终检验和试验的质量保证模式》;

9) ISO 9004—1:1994《质量管理和质量体系要素——第1部分:指南》;

10) ISO 9004—2:1991《质量管理和质量体系要素——第2部分:服务指南》;

11) ISO 9004—3:1993《质量管理和质量体系要素——第3部分:流程性材料指南》;

12) ISO 9004—4:1994《质量管理和质量体系要素——第4部分:质量改进指南》;

13) ISO 10011—1:1990《质量体系审核指南——第1部分:审核》;

14) ISO 10011—2:1991《质量体系审核指南——第2部分:质量体系审核的评定准则》;

15) ISO 10011—3:1991《质量体系审核指南——第3部分:审核工作管理》;

16) ISO 10012—1:1992《测量设备的质量保证要求——第1部分:测量设备的计量确认体系》。

1994 年版在实施过程中,很多国家反映在实际应用中具有一定局限性,标准的质量要素间的相关性也不好;强调了符合性，而忽视了企业整体业绩提高、也缺乏对顾客满意或不满意的监控；由于标准的通用性差，特制定了许多指南来弥补，使1994版ISO 9000族发展到22项标准和2项技术报告，而实际上只有少数标准得到应用。

为此，国际标准化组织为了满足用户适用市场竞争的需要，促进企业持续改进，提高整体业绩；使标准通俗易懂，易于理解和使用，能适用于各种类型和规模的企业，为提离企业的运行能力提供有效的方法，又进一步对1994版标准作了修订，于2000年底正式发布为国际标准，称2000版ISO 9000族标准。

2000版ISO 9000族标准准只有4个核心标准，即ISO 9000：2000《质量管理体系——基础和术语》、ISO 9001：2000《质量管理体系——要求》、ISO 9004：2000《质量管理体系——业绩改进指南》和ISO 19011《质量和环境管理体系——审核》。

（2）我国GB/T 19000族标准

随着ISO 9000的发布和修订，我国及时、等同地发布和修订了GB/T 19000族国家标准。2000版ISO 9000族标准发布后，我国又等同地转换为GB/T 19000：2000（Idt ISO 9000：2000）族国家标准，这些标准包括：

1）GB/T 19000 表述质量管理体系基础知识，并规定质量管理体系术语。

2）GB/T 19001 规定质量管理体系要求，用于组织证实其具有提供满足顾客要求不适用的法规要求的产品的能力，目的在于增进顾客满意。

3）GB/T 19004 提供考虑质量管理体系的有效性和效率两方面的指南。其目的是组织业绩改进和使顾客及其他相关方满意。

4）GB/T 190110 提供审核质量和环境体系指南。

（3）在建筑企业中贯彻ISO 9000族标准的必要性

从ISO 9000族标准形成和发展的过程可知，它在传统管理的基础上补充了适应现代科学技术和管理技术的新内容，因此可以从质量预防和质量保证的新层次提高工程质量水平。从另一个角度来看，建筑企业如果不及时地对传统管理进行改造，引入新的科学方法和管理手段，那么其工程质量水平的提高也无从谈起。所以，推广 ISO 9000 标准，是工程建设质量管理工作正规化的必然趋势，是建筑企业提高工程质量的客观需要。贯彻 ISO 9000 标准，一方面，可以帮助企业建立、完善科学的质量管理体系并监督其运作情况；另一方面，可以打破国际市场中贸易壁垒的障碍，其现实意义是不言而喻的。

（二）建筑工程质量验收统一标准

本节主要介绍《建筑工程质量验收统一标准》（GB 50300—2001）（以下简称《统一标准》）中强制性条文的有关内容。《统一标准》的强制性条文涉及施工质量验收的参加人员，验收的主要内容、验收程序和组织以及工程竣工验收备案等方面。

1. 建筑工程质量验收要求

（1）建筑工程施工质量应按下列要求进行验收：

1）建筑工程施工质量应符合本标准和相关专业验收规范的规定。

2）建筑工程施工应符合工程勘察、设计文件的要求。

3）参加工程施工质量验收的各方人员应具备规定的资格。

4）工程质量的验收均应在施工单位自行检查评定的基础上进行。

5）隐蔽工程在隐蔽前应由施工单位通知有关单位进行验收，并应形成验收文件。

6）涉及结构安全的试块、试件以及有关材料，应按规定进行见证取样检测。

7）检验批的质量应按主控项目和一般项目验收。

8）对涉及结构安全和使用功能的重要分部工程应进行抽样检测。

9) 承担见证取样检测及有关结构安全检测的单位应具有相应资质。

10) 工程的观感质量应由验收人员通过现场检查,并应共同确认。

(2) 单位(子单位)工程质量验收合格应符合下列规定:

1) 单位(子单位)工程所含分部(子分部)工程的质量均应验收合格。

2) 质量控制资料应完整。

3) 单位(子单位)工程所含分部工程有关安全和功能的检测资料应完整。

4) 主要功能项目的抽查结果应符合相关专业质量验收规范的规定。

5) 观感质量验收应符合要求。

《统一标准》还指出:通过返修或加固处理仍不能满足安全使用要求的分部工程、单位(子单位)工程,严禁验收。

2. 建筑工程质量验收的程序和组织

(1) 检验批及分项工程应由监理工程师(建设单位项目技术负责人)组织施工单位项目专业质量(技术)负责人等进行验收。

(2) 分部工程应由总监理工程师(建设单位项目负责人)组织施工单位项目负责人和技术、质量负责人等进行验收;地基与基础、主体结构分部工程的勘察、设计单位工程项目负责人和施工单位技术、质量部门负责人也应参加相关分部工程验收。

(3) 单位工程完工后,施工单位应自行组织有关人员进行检查评定,并向建设单位提交工程验收报告。

(4) 建设单位收到工程验收报告后,应由建设单位(项目)负责人组织施工(含分包单位)、设计、监理等单位(项目)负责人进行单位(子单位)工程验收。

(5) 单位工程有分包单位施工时，分包单位对所承包的工程项目应按本标准规定的程序检查评定，总包单位应派人参加。分包工程完成后，应将工程有关资料交总包单位。

(6) 当参加验收各方对工程质量验收意见不一致时，可请当地建设行政主管部门或工程质量监督机构协调处理。

(7) 单位工程质量验收合格后，建设单位应在规定时间内将工程竣工验收报告和有关文件，报建设行政管理部门备案。

(三) 混凝土结构工程施工质量验收规范

为加强建筑工程质量管理，统一混凝土结构工程施工质量的验收，保证工程质量，于2002年制定了《混凝土结构工程施工质量验收规范》(GB 50204—2002)。下面列出与钢筋工有关的部分摘录，保持原文体例。

钢筋分项工程

一、一般规定

1. 当钢筋的品种、级别或规格需作变更时，应办理设计变更文件。

2. 在浇筑混凝土之前，应进行钢筋隐蔽工程验收，其内容包括：

(1) 纵向受力钢筋的品种、规格、数量、位置等；

(2) 钢筋的连接方式、接头位置、接头数量、接头面积百分率等；

(3) 箍筋、横向钢筋的品种、规格、数量、间距等；

(4) 预埋件的规格、数量、位置等。

二、原材料

主控项目

1. 钢筋进场时，应按现行国家标准《钢筋混凝土用热轧带肋钢筋》(GB 1499—98)等的规定抽取试件作力学性能检验,其质量必须符合有关标准的规定。

　　检查数量:按进场的批次和产品的抽样检验方案确定。

　　检验方法:检查产品合格证、出厂检验报告和进场复验报告。

　　2. 对有抗震设防要求的框架结构,其纵向受力钢筋应满足设计要求;当设计无具体要求时,对一、二级抗震等级,检验所得的强度实测值应符合下列规定:

　　(1) 钢筋的抗拉强度实测值与屈服强度实测值的比值不应小于1.25;

　　(2) 钢筋的屈服强度实测值与强度标准值的比值不应大于1.3。

　　检查数量:按进场的批次和产品的抽样检验方案确定。

　　检验方法:检查进场复验报告。

　　(3) 当发现钢筋脆断、焊接性能不良或力学性能显著不正常等现象时,应对该批钢筋进行化学成分检验或其他专项检验。

　　检验方法:检查化学成分等专项检验报告。

一 般 项 目

　　(4) 钢筋应平直、无损伤,表面不得有裂纹、油污、颗粒状或片状老锈。

　　检查数量:进场时和使用前全数检查。

　　检验方法:观察。

　　三、钢筋加工

主 控 项 目

　　1. 受力钢筋的弯钩和弯折应符合下列规定:

　　(1) HPB235级钢筋末端应作180°弯钩,其弯弧内直径不应小于钢筋直径的25倍,弯钩的弯后平直部分长度不应小于钢筋直径的3倍;

(2) 当设计要求钢筋末端需作 135°弯钩时，HRB335 级、HRB400 级钢筋的弯弧内直径不应小于钢筋直径的 4 倍，弯钩的弯后平直部分长度应符合设计要求；

(3) 钢筋作不大于 90°的弯折时，弯折处的弯弧内直径不应小于钢筋直径的 5 倍。

检查数量：按每工作班同一类型钢筋、同一加工设备抽查不应少于 3 件。

检验方法：钢尺检查。

2. 除焊接封闭环式箍筋外，箍筋的末端应作弯钩，弯钩形式应符合设计要求；当设计无具体要求时，应符合下列规定：

(1) 箍筋弯钩的弯弧内直径除应满足本规范的规定外，尚应不小于受力钢筋直径；

(2) 箍筋弯钩的弯折角度：对一般结构，不应小于 90°；对有抗震等要求的结构，应为 135°；

(3) 箍筋弯后平直部分长度：对一般结构，不宜小于箍筋直径的 5 倍；对有抗震等要求的结构，不应小于箍筋直径的 10 倍。

检查数量：按每工作班同一类型钢筋、同一加工设备抽查不应少于 3 件。

检验方法：钢尺检查。

一 般 项 目

3. 钢筋调直宜采用机械方法，也可采用冷拉方法。当采用冷拉方法调直钢筋时，HPB235 级钢筋的冷拉率不宜大于 4%，HRB335 级、HRB400 级、RRB400 级钢筋的冷拉率不宜大于 1%。

检查数量：按每工作班同一类型钢筋、同一加工设备抽查不应少于 3 件。

检验方法：观察，钢尺检查。

4. 钢筋加工的形状、尺寸应符合设计要求，其偏差应符合表 7-1 的规定。

钢筋加工的允许偏差　　　　表 7-1

项　目	允许偏差(mm)
受力钢筋顺长度方向全长的净尺寸	±10
弯起钢筋的弯折位置	±20
箍筋内净尺寸	±5

检查数量：按每工作班同一类型钢筋、同一加工设备抽查不应少于 3 件。

检验方法：钢尺检查。

四、钢筋连接

主控项目

1. 纵向受力钢筋的连接方式应符合设计要求。

检查数量：全数检查。

检验方法：观察。

2. 在施工现场，应按国家现行标准《钢筋机械连接通用技术规程》JGJ 107、《钢筋焊接及验收规程》JGJ 18 的规定抽取钢筋机械连接接头、焊接接头试件作力学性能检验，其质量应符合有关规程的规定。

检查数量：按有关规程确定。

检验方法：检查产品合格证、接头力学性能试验报告。

一般项目

3. 钢筋的接头宜设置在受力较小处。同一纵向受力钢筋不宜设置两个或两个以上接头。接头末端至钢筋弯起点的距离不应小于钢筋直径的 10 倍。

检查数量：全数检查。

检验方法：观察，钢尺检查。

4. 在施工现场，应按国家现行标准《钢筋机械连接通用技术规程》JGJ 107、《钢筋焊接及验收规程》JGJ 18 的规定对钢筋机械连接接头、焊接接头的外观进行检查,其质量应符合有关规程的规定。

检查数量:全数检查。

检验方法:观察。

5. 当受力钢筋采用机械连接接头或焊接接头时,设置在同一构件内的接头宜相互错开。

纵向受力钢筋机械连接接头及焊接接头连接区段的长度为 35 倍 d(d 为纵向受力钢筋的较大直径)且不小于 500mm,凡接头中点位于该连接区段长度内的接头均属于同一连接区段。同一连接区段内,纵向受力钢筋机械连接及焊接的接头面积百分率为该区段内有接头的纵向受力钢筋截面面积与全部纵向受力钢筋截面面积的比值。

同一连接区段内,纵向受力钢筋的接头面积百分率应符合设计要求;当无具体要求时,应符合下列规定:

(1) 在受拉区不宜大于 50%;

(2) 接头不宜设置在有抗震设防要求的框架梁端、柱端的箍筋加密区;当无法避开时,对等强度高质量机械连接接头,不应大于 50%;

(3) 直接承受动力荷载的结构构件中,不宜采用焊接接头;当采用机械连接接头时,不应大于 50%。

检查数量:在同一检验批内,对梁、柱和独立基础,应抽查构件数量的 10%,且不少于 3 件;对墙和板,应按有代表性的自然间抽查 10%,且不少于 3 间,对大空间结构,墙可按相邻轴线间高度 5m 左右划分检查面,板可按纵、横轴线划分检查面,抽查 10%,且均不少于 3 面。

检验方法:观察,钢尺检查。

6. 同一构件中相邻纵向受力钢筋的绑扎搭接接头宜相互错开。绑扎搭接接头中钢筋的横向净距不应小于钢筋直径,且不应小于 25mm。

钢筋绑扎搭接接头连接区段的长度为 $1.3l_l$(l_l 为搭接长

度），凡搭接接头中点位于该连接区段长度内的搭接接头均属于同一连接区段。同一连接区段内，纵向钢筋搭接接头面积百分率为该区段内有搭接接头的纵向受力钢筋截面面积与全部纵向受力钢筋截面面积的比值（图7-1）。

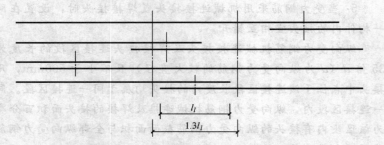

图7-1　钢筋绑扎连接接头连接区段及接头面积百分率

注：图中所示搭接接头同一连接区段内的搭接钢筋为两根，当各钢筋直径相同时，接头面积百分率为50%。

同一连接区段内，纵向受拉钢筋搭接接头面积百分率应符合设计要求；当设计无具体要求时，应符合下列规定：

（1）对梁类、板类及墙类构件，不宜大于25%；

（2）对柱类构件，不宜大于50%；

（3）当工程中确有必要增大接头面积百分率时，对梁类构件，应大于50%；对其他构件，可根据实际情况放宽。纵向受力钢筋绑扎搭接接头的最小搭接长度应符合本规范附录B的规定。

检查数量：在同一检验批内，对梁、柱和独立基础，应抽查构件数量的10%，且不少于3件；对墙和板，应按有代表性的自然间抽查10%，且不少于3间；对大空间结构，墙可按相邻轴线间高度5m左右划分检查面，板可按纵、横轴线划分检查面，抽查10%，且均不少于3面。

检验方法：观察，钢尺检查。

7. 在梁、柱类构件的纵向受力钢筋搭接长度范围内，应按设计要求配置箍筋。当设计无具体要求时，应符合下列规定：

（1）箍筋直径不应小于搭接钢筋较大直径的 0.25 倍；

（2）受拉搭接区段的箍筋间距不应大于搭接钢筋较小直径的 5 倍，且不应大于 100mm；

（3）受压搭接区段的箍筋间距不应大于搭接钢筋较小直径的 10 倍，且不应大于 200mm；

（4）当柱中纵向受力钢筋直径大于 25mm 时，应在搭接接头两个端面外 100mm 范围内各设置两个箍筋，其间距宜为 50mm。

检查数量：在同一检验批内，对梁、柱和独立基础，应抽查构件数量的 10%，且不少于 3 件；对墙和板，应按有代表性的自然间抽查 10%，且不少于 3 间；对大空间结构，墙可按相邻轴线间高度 5m 左右划分检查面，板可按纵、横轴线划分检查面，抽查 10%，且均不少于 3 面。

检验方法：钢尺检查。

五、钢筋安装

主 控 项 目

1. 钢筋安装时，受力钢筋的品种、级别、规格和数量必须符合设计要求。

检查数量：全数检查。

检验方法：观察，钢尺检查。

一 般 项 目

2. 钢筋安装位置的偏差应符合表 7-2 的规定。

检查数量：在同一检验批内，对梁、柱和独立基础，应抽查构件数量的 10%，且不少于 3 件；对墙和板，应按有代表性的自然间抽查 10%，且不少于 3 间；对大空间结构，墙可按相邻轴线间高度 5m 左右划分检查面，板可按纵、横轴线划分检查面，抽查 10%，且均不少于 3 面。

钢筋安装位置的允许偏差和检验方法　　　表 7-2

项　目			允许偏差(mm)	检验方法
绑扎钢筋网	长、宽		±10	钢尺检查
	网眼尺寸		±20	钢尺量连续三档，取最大值
绑扎钢筋骨架	长		±10	钢尺检查
	宽、高		±5	钢尺检查
受力钢筋	间距		±10	钢尺量两端、中间各一点，取最大值
	排距		±5	
	保护层厚度	基础	±10	钢尺检查
		柱、梁	±5	钢尺检查
		板、墙、壳	±3	钢尺检查
绑扎箍筋、横向钢筋间距			±20	钢尺量连续三档，取最大值
钢筋弯起点位置			20	钢尺检查
预埋件	中心线位置		5	钢尺检查
	水平高差		+3,0	钢尺和塞尺检查

注：1. 检查预埋件中心线位置时，应沿纵、横两个方向量测，并取其中的较大值；
2. 表中梁类、板类构件上部纵向受力钢筋保护层厚度的合格点率应达到 90％及以上，且不得有超过表中数值 1.5 倍的尺寸偏差。

预应力分项工程

一、一般规定

1. 后张法预应力工程的施工应由具有相应资质等级的预应力专业施工单位承担。

2. 预应力筋张拉机具设备及仪表，应定期维护和校验。张拉设备应配套标定，并配套使用。张拉设备的标定期限不应超过半年。当在使用过程中出现反常现象时或在千斤顶检修后，应重新标定。

注：1. 张拉设备标定时，千斤顶活塞的运行方向应与实际张拉的状态一致；

2. 压力表的精度不应低于 1.5 级，标定张拉设备用的试验机或测力计精度不应低于±2%。

3. 在浇筑混凝土之前,应进行预应力隐蔽工程验收,其内容包括:

(1) 预应力筋的品种、规格、数量、位置等;

(2) 预应力筋锚具和连接器的品种、规格、数量、位置等;

(3) 预留孔道的规格、数量、位置、形状及灌浆孔、排气兼泌水管等;

(4) 锚固区局部加强构造等。

二、原材料

主控项目

1. 预应力筋进场时,应按现行国家标准《预应力混凝土用钢绞线》(GB/T 5224—2003)等的规定抽取试件作力学性能检验,其质量必须符合有关标准的规定。

检查数量:按进场的批次和产品的抽样检验方案确定。

检验方法:检查产品合格证、出厂检验报告和进场复验报告。

2. 无粘结预应力筋的涂包质量应符合无粘结预应力钢绞线标准的规定。

检查数量:每60t为一批,每批抽取一组试件。

检验方法:观察,检查产品合格证、出厂检验报告和进场复验报告。

注:当有工程经验,并经观察认为质量有保证时,可不作油脂用量和护套厚度的进场复验。

3. 预应力筋用锚具、夹具和连接器应按设计要求采用,其性能应符合现行国家标准《预应力筋用锚具、夹具和连接器》(GB 14370—2000)等的规定。

检查数量:按进场批次和产品的抽样检验方案确定。

检验方法:检查产品合格证、出厂检验报告和进场复验报告。

注：对锚具用量较少的一般工程，如供货方提供有效的试验报告，可不作静载锚固性能试验。

4. 孔道灌浆用水泥应采用普通硅酸盐水泥，其质量应符合本规范7.2.1的规定。孔道灌浆用外加剂的质量应符合本规范第7.2.2条的规定。

检查数量：按进场批次和产品的抽样检验方案确定。

检验方法：检查产品合格证、出厂检验报告和进场复验报告。

注：对孔道灌浆用水泥和外加剂用量较少的一般工程，当有可靠依据时，可不作材料性能的进场复验。

一 般 项 目

5. 预应力筋使用前应进行外观检查，其质量应符合下列要求：

（1）有粘结预应力筋展开后应平顺，不得有弯折，表面不应有裂纹、小刺、机械损伤、氧化铁皮和油污等；

（2）无粘结预应力筋护套应光滑、无裂缝，无明显褶皱。

检查数量：全数检查。

检验方法：观察。

注：无粘结预应力筋护套轻微破损者应外包防水塑料胶带修补，严重破损者不得使用。

6. 预应力筋用锚具、夹具和连接器使用前应进行外观检查，其表面应无污物、锈蚀、机械损伤和裂纹。

检查数量：全数检查。

检验方法：观察。

7. 预应力混凝土用金属螺旋管的尺寸和性能应符合国家现行标准《预应力混凝土用金属螺旋管》（JGJ/T 3013—94）的规定。

检查数量：按进场批次和产品的抽样检验方案确定。

检验方法：检查产品合格证、出厂检验报告和进场复验报告。

注：对金属螺旋管用量较少的一般工程，当有可靠依据时，可不作径向刚度、抗渗漏性能的进场复验。

8. 预应力混凝土用金属螺旋管在使用前应进行外观检查，其内外表面应清洁，无锈蚀，不应有油污、孔洞和不规则的褶皱，咬口不应有开裂或脱扣。

检查数量：全数检查。

检验方法：观察。

三、制作与安装

主控项目

1. 预应力筋安装时，其品种、级别、规格、数量必须符合设计要求。

检查数量：全数检查。

检验方法：观察，钢尺检查。

2. 先张法预应力施工时应选用非油质类模板隔离剂，并应避免沾污预应力筋。

检查数量：全数检查。

检验方法：观察。

3. 施工过程中应避免电火花损伤预应力筋；受损伤的预应力筋应予以更换。

检查数量：全数检查。

检验方法：观察。

一般项目

4. 预应力筋下料应符合下列要求：

（1）预应力筋应采用砂轮锯或切断机切断，不得采用电弧切割；

（2）当钢丝束两端采用镦头锚具时，同一束中各根钢丝长度的极差不应大于钢丝长度的1/5000，且不应大于5mm。当成组张拉长度不大于10m的钢丝时，同组钢丝长度的极差不得大于2mm。

检查数量：每工作班抽查预应力筋总数的3%，且不应少于3束。

检验方法：观察，钢尺检查。

5. 预应力筋端部锚具的制作质量应符合下列要求：

（1）挤压锚具制作时压力表油压应符合操作说明书的规定，挤压后预应力筋外端应露出挤压套筒1～5mm；

（2）钢绞线压花锚成形时，表面应清洁、无油污，梨形头尺寸和直线段长度应符合设计要求；

（3）钢丝镦头的强度不得低于钢丝强度标准值的98%。

检查数量：对挤压锚，每工作班抽查5%，且不应少于5件；对压花锚，每工作班抽查3件；对钢丝镦头强度，每批钢丝检查6个镦头试件。

检验方法：观察，钢尺检查，检查镦头强度试验报告。

6. 后张法有粘结预应力筋预留孔道的规格、数量、位置和形状除应符合设计要求外，尚应符合下列规定：

（1）预留孔道的定位应牢固，浇筑混凝土时不应出现移位和变形；

（2）孔道应平顺，端部的预埋锚垫板应垂直于孔道中心线；

（3）成孔用管道应密封良好，接头应严密且不得漏浆；

（4）灌浆孔的间距：对预埋金属螺旋管不宜大于30m；对抽芯成形孔道不宜大于12m；

（5）在曲线孔道的曲线波峰部位应设置排气兼泌水管，必要时可在最低点设置排水孔；

（6）灌浆孔及泌水管的孔径应能保证浆液畅通。

检查数量：全数检查。

检验方法：观察，钢尺检查。

7. 预应力筋束形控制点的竖向位置偏差应符合表7-3的规定。

束形控制点的竖向位置允许偏差　　　　表 7-3

构件高(厚)度(mm)	$h \leqslant 300$	$300 < h \leqslant 1500$	$h > 1500$
允许偏差(mm)	±5	±10	±15

检查数量：在同一检验批内，抽查各类型构件中预应力筋总数的 5%，且对各类型构件均不小于 5 束，每束不应少于 5 处。

检验方法：钢尺检查。

注：束形控制点的竖向位置偏差合格点率应达到 90% 及以上，且不得有超过表中数值 1.5 倍的尺寸偏差。

8. 无粘结预应力筋的铺设除应符合本规范第 6.3.7 条的规定外，尚应符合下列要求：

（1）无粘结预应力筋的定位应牢固，浇筑混凝土时不应出现移位和变形；

（2）端部的预埋锚垫板应垂直于预应力筋；

（3）内埋式固定端垫板不应重叠，锚具与垫板应贴紧；

（4）无粘结预应力筋成束布置时应能保证混凝土密实并能裹住预应力筋；

（5）无粘结预应力筋的护套应完整，局部破损处应采用防水胶带缠绕紧密。

检查数量：全数检查。

检验方法：观察。

9. 浇筑混凝土前穿入孔道的后张有粘结预应力筋，宜采取防止锈蚀的措施。

检查数量：全数检查。

检验方法：观察。

四、张拉和放张

主控项目

1. 预应力筋张拉或放张时，混凝土强度应符合设计要求；当设计无具体要求时，不应低于设计的混凝土立方体抗压强度标准值的 75%。

检查数量：全数检查。

检验方法：检查同条件养护试件试验报告。

2. 预应力筋的张拉力、张拉或放张顺序及张拉工艺应符合设计及施工技术方案的要求，并应符合下列规定：

（1）当施工需要超张拉时，最大张拉应力不应大于现行国家标准《混凝土结构设计规范》（GB 50010—2002）的规定；

（2）张拉工艺应能保证同一束中各根预应力筋的应力均匀一致；

（3）后张法施工中，当预应力筋逐根或逐束张拉时，应保证各阶段不出现对结构不利的应力状态；同时宜考虑后批张拉预应力筋所产生的结构构件的弹性压缩对先批张拉预应力筋的影响，确定张拉力；

（4）先张法预应力筋放张时，宜缓慢放松锚固装置，使各根预应力筋同时缓慢放松；

（5）当采用应力控制方法张拉时，应校核预应力筋的伸长值。实际伸长值与设计计算理论伸长值的相对允许偏差为±6%。

检查数量：全数检查。

检验方法：检查张拉记录。

3. 预应力筋张拉锚固后实际建立的预应力值与工程设计规定检验值的相对允许偏差为±5%。

检查数量：对先张法施工，每工作班抽查预应力筋总数的1%，且不少于3根；对后张法施工，在同一检验批内，抽查预应力筋总数的3%，且不少于5束。

检验方法：对先张法施工，检查预应力筋应力检测记录；对后张法施工，检查见证张拉记录。

4. 张拉过程中应避免预应力筋断裂或滑脱当发生断裂或滑脱时，必须符合下列规定：

（1）对后张法预应力结构构件，断裂或滑脱的数量严禁超过同一截面预应力筋总根数的3%，且每束钢丝不得超过一根；对多跨双向连续板，其同一截面应按每跨计算；

（2）对先张法预应力构件，在浇筑混凝土前发生断裂或滑脱的预应力筋必须予以更换。

检查数量：全数检查。

检验方法：观察，检查张拉记录。

一般项目

5. 锚固阶段张拉端预应力筋的内缩量应符合设计要求；当设计无具体要求时，应符合表7-4的规定。

张拉端预应力筋的内缩量　　　　表 7-4

锚具类别		内缩量限值（mm）
支承式锚具（镦头锚具等）	螺帽缝隙	1
	每块后加垫板的缝隙	1
锥塞式锚具		5
夹片式锚具	有顶压	5
	无顶压	6～8

检查数量：每工作班抽查预应力筋总数的3%，且不少于3束。

检验方法：钢尺检查。

6. 先张法预应力筋张拉后与设计位置的偏差不得大于5mm，且不得大于构件截面短边边长的4%。

检查数量：每工作班抽查预应力筋总数的3%，且不少于3束。

检验方法：钢尺检查。

五、灌浆及封锚

主控项目

1. 后张法有粘结预应力筋张拉后应尽早进行孔道灌浆，孔道内水泥浆应饱满、密实。

检查数量：全数检查。

检验方法：观察，检查灌浆记录。

2. 锚具的封闭保护应符合设计要求；当设计无具体要求时，应符合下列规定：

(1) 应采取防止锚具腐蚀和遭受机械损伤的有效措施；

(2) 凸出式锚固端锚具的保护层厚度不应小于5mm；

(3) 外露预应力筋的保护层厚度：处于正常环境时，不应小于20mm；处于易受腐蚀的环境时，不应小于50mm；

检查数量：在同一检验批内，抽查预应力筋总数的5%，且不少于5处。

检验方法：观察，钢尺检查。

一般项目

3. 后张法预应力筋锚固后的外露部分宜采用机械方法切割，其外露长度不宜小于预应力筋直径的1.5倍，且不宜小于30mm。

检查数量：在同一检验批内，抽查预应力筋总数的3%，且不少于5束。

检验方法：观察，钢尺检查。

4. 灌浆用水泥浆的水灰比不应大于0.45，搅拌后3h泌水率不宜大于2%，且不应大于3%。泌水应能在24h内全部重新被水泥浆吸收。

检查数量：同一配合比检查一次。

检验方法：检查水泥浆性能试验报告。

5. 灌浆用水泥浆的抗压强度不应小于$30N/mm^2$。

检查数量：每工作班留置一组边长为70.7mm的立方体试件。

检验方法：检查水泥浆试件强度试验报告。

注：1. 一组试件由6个试件组成，试件应标准养护28d；

2. 抗压强度为一组试件的平均值，当一组试件中抗压强度最大值或最小值与平均值相差超过20%时，应取中间4个试件强度的平均值。

八、安 全 管 理

安全生产管理，是指经营管理者对安全生产工作进行的策划、组织、指挥、协调、控制和改进的一系列活动，目的是保证在生产经营活动中的人身安全、财产安全，促进生产的发展，保持社会的稳定。

施工项目安全管理，就是施工项目在施工过程中，组织安全生产的全部管理活动。通过对生产要素过程控制，使生产要素的不安全行为和状态减少或消除，达到减少一般事故，杜绝伤亡事故，从而保证安全管理目标的实现。

安全生产长期以来一直是我国的基本国策，是保护劳动者安全健康和发展生产力的重要工作，必须贯彻执行；同时也是维护社会安定团结，促进国民经济稳定、持续、健康发展的基本条件，是社会文明程度的重要标志。

为了加强安全生产监督管理，防止和减少生产安全事故，保障人民生命财产安全，促进经济发展，2002年第九届全国人大常委会第28次会议通过了《中华人民共和国安全生产法》，强调安全生产管理，要坚持安全第一、预防为主的方针。

（一）施工项目安全管理原则

1. 管生产必须管安全的原则

"管生产必须管安全"原则是指项目各级领导和全体员工在生产过程中必须坚持在抓生产的同时抓好安全工作。

"管生产必须管安全"原则是施工项目必须坚持的基本原则。

国家和企业就是要保护劳动者的安全与健康,保证国家财产和人民生命财产的安全,尽一切努力在生产和其他活动中避免一切可以避免的事故;其次,项目的最优化目标是高产、低耗、优质、安全。忽视安全,片面追求产量、产值。是无法达到最优化目标的。伤亡事故的发生,不仅会给企业,还可能给环境、社会,乃至在国际上造成恶劣影响,造成无法弥补的损失。

"管生产必须管安全"的原则体现了安全和生产的统一,生产和安全是一个有机的整体,两者不能分割更不能对立起来,应将安全寓于生产之中,生产组织者在生产技术实施过程中,应当承担安全生产的责任。把"管生产必须管安全"的原则落实到每个员工的岗位责任制上去,从组织上、制度上固定下来,以保证这一原则的实施。

2. "三同时"原则

"三同时",指凡是我国境内新建、改建、扩建的基本建设工程项目、技术改造项目和引进的建设项目,其劳动安全卫生设施必须符合国家规定的标准,必须与主体工程同时设计、同时施工、同时投入生产和使用。

3. "四不放过"原则

"四不放过"是指在调查处理工伤事故时,必须坚持事故原因分析不清不放过,员工及事故责任人受不到教育不放过,事故隐患不整改不放过,事故责任人不处理不放过。

"四不放过"原则的第一层含义是要求在调查处理工伤事故时,首先要把事故原因分析清楚,找出导致事故发生的真正原因,不能敷衍了事,不能在尚未找到事故主要原因时就轻易下结论,也不能把次要原因当成主要原因,未找到真正原因决不轻易放过,直至找到事故发生的真正原因,搞清楚各因素的因果关系才算达到事故分析的目的。

"四不放过"原则的第二层含义是要求在调查处理工伤事故

时,不能认为原因分析清楚了,有关责任人员也处理了就算完成任务了,还必须使事故责任者和企业员工了解事故发生的原因及所造成的危害,并深刻认识到搞好安全生产的重要性,大家从事故中吸取教训,在今后工作中更加重视安全工作。

"四不放过"原则的第三层含义是要求在对工伤事故进行调查处理时,必须针对事故发生的原因,制定防止类似事故重复发生的预防措施,并督促事故发生单位组织实施,只有这样,才算达到了事故调查和处理的最终目的。

(二) 钢筋工程安全操作规程

1. 安全生产六大纪律

(1) 进入现场应戴好安全帽,系好帽带;并正确使用个人劳动防护用品。

(2) 2m以上的高处、悬空作业、无安全设施的,必须系好安全带、扣好保险钩。

(3) 高处作业时,不准往下或向上乱抛材料和工具等物件。

(4) 各种电动机械设备应有可靠有效的安全接地和防雷装置,才可启动使用。

(5) 不懂电气和机械的人员,严禁使用和摆弄机电设备。

(6) 吊装区域非操作人员严禁入内,吊装机械性能应完好,吊杆垂直下方不准站人。

2. 钢筋工程安全技术交底

(1) 进入现场应遵守安全生产六大纪律。

(2) 钢筋断料、配料、弯料等工作应在地面进行,不准在高空操作。

(3) 搬运钢筋要注意附近有无障碍物、架空电线和其他临时电气设备,防止钢筋在回转时碰撞电线或发生触电事故。

(4) 现场绑扎悬空大梁钢筋时,不得站在模板上操作,应在脚手板上操作;绑扎独立柱头钢筋时,不准站在钢箍上绑扎,也不准将木料、管子、钢模板穿在钢箍内作为站人板。

(5) 起吊钢筋骨架,下方禁止站人,待骨架降至距模板 1m 以下后才准靠近,就位支撑好,方可摘钩。

(6) 起吊钢筋时,规格应统一,不得长短参差不一,不准一点吊。

(7) 切割机使用前,应检查机械运转是否正常,是否漏电;电源线须进漏电开关,切割机后方不准堆放易燃物品。

(8) 钢筋头子应及时清理,成品堆放要整齐,工作台要稳,钢筋工作棚照明灯应加网罩。

(9) 高处作业时,不得将钢筋集中堆在模板和脚手板上,也不要把工具、钢箍、短钢筋随意放在脚手板上,以免滑下伤人。

(10) 在雷雨时应暂停露天操作,防雷击钢筋伤人。

(11) 钢筋骨架不论其固定与否,不得在上行走,禁止从柱子上的钢箍上下。

(12) 钢筋冷拉时,冷拉线两端必须装置防护设施。冷拉时严禁在冷拉线两端站人或跨越、触动正在冷拉的钢筋。

(13) 钢筋焊接方面

1) 焊机应接地,以保证操作人员安全;对于接焊导线及焊接导线处,都应有可靠地绝缘。

2) 大量焊接时,焊接变压器不得超负荷,变压器升温不得超过 60℃,为此,要特别注意遵守焊机暂载率规定,以避免过分发热而损坏。

3) 室内电弧焊时,应有排气通风装置。焊工操作地点相互之间应设挡板,以防弧光刺伤眼睛。

4) 焊工应穿戴防护用具。电弧焊焊工要戴防护面罩。焊工应站立在干木垫或其他绝缘垫上。

5) 焊接过程中,如焊机发生不正常响声,变压器绝缘电阻过小、导线破裂、漏电等,均应立即进行检修。

3. 钢筋制作安装安全要求

(1) 钢筋加工机械应保证安全装置齐全有效。

(2) 钢筋加工场地应由专人看管,各种加工机械在作业人员下班后拉闸断电,非钢筋加工制作人员不得擅自进入钢筋加工场地。

(3) 冷拉钢筋时,卷扬机前应设置防护挡板,或将卷扬机与冷拉方向成 90°且应用封闭式的导向滑轮,冷拉场地禁止人员通行或停留,以防被伤。

(4) 起吊钢筋骨架时,下方禁止站人,待骨架降落至距安装标高 1m 以内方准靠近,就位支撑好后,方可摘钩。

(5) 在高空、深坑绑扎钢筋和安装骨架应搭设脚手架和马道。绑扎 3m 以上的柱钢筋应搭设操作平台,已绑扎的柱骨架应采用临时支撑拉牢,以防倾倒。绑扎圈梁、挑檐、外墙、边柱钢筋时,应设外脚手架或悬挑架,并按规定挂好安全网。

4. 钢筋施工机械安全管理

(1) 施工机械设备安全管理制度

1) 机械设备安全技术管理

(A) 项目经理部技术部门应在工程项目开工前编制包括主要施工机械设备安全防护技术的安全技术措施,并报管理部门审批。

(B) 认真贯彻执行经审批的安全技术措施。

(C) 项目经理部应对分包单位、机械租赁方执行安全技术措施的情况进行监督。分包单位、机械租赁方应接受项目经理部的统一管理,严格履行各自在机械设备安全技术管理方面的职责。

2) 机械验收

(A) 项目经理部应对进入施工现场的机械设备的安全装置和操作人员的资质进行审验,不合格的机械和人员不得进入施工现场。

(B) 大型机械设备安装前,项目经理部应根据设备租赁方提供的参数进行安装设计架设,经验收合格后的机械设备,可由资质等级合格的设备安装单位组织安装。

(C) 设备安装单位完成安装工程后,报请主管部门验收,验收合格后方可办理移交手续。

(D) 中、小型机械由分包单位组织安装后,项目部机械管理部门组织验收,验收合格后,方可使用。

(E) 所有机械设备验收资料均由机械管理部门统一保存,并交安全部门一份备案。

3) 机械管理与定期检查

(A) 项目经理部应视机械使用规模,设置机械设备管理部门。机械管理人员应具备一定的专业管理能力,并熟悉掌握机械安全使用的有关规定与标准。

(B) 机械操作人员应经过专门的技术培训,并按规定取得安全操作证后,方可上岗作业;学员或取得学习证的操作人员,必须在持《操作证》人员监护下方准上岗。

(C) 机械管理部门应根据有关安全规程、标准制定项目机械安全管理制度并组织实施。

(D) 在项目经理的领导下,机械管理部门应对现场机械设备组织定期检查,发现违章操作行为应立即纠正;对查出的隐患,要落实责任,限期整改。

(E) 机械管理部门负责组织落实上级管理部门和政府执法检查时下达的隐患整改指令。

(2) 钢筋施工机械安全防护

1) 钢筋机械

(A) 安装平稳固定,场地条件满足安全操作要求,切断机有上料架。

(B) 切断机应在机械运转正常后方可送料切断。

(C) 弯曲钢筋时扶料人员应站在弯曲方向反侧。

2) 电焊机

(A) 电焊机摆放应平稳,不得靠近边坡或被土埋。

(B) 电焊机一次侧首端必须使用漏电保护开关控制,一次电源线不得超过 5m,焊机机壳做可靠接零保护。

(C) 电焊机一、二次侧接线应使用铜材质鼻夹压紧,接线点有防护罩。

(D) 焊机二次侧必须安装同长度焊把线和回路零线,长度不宜超过 30m。

(E) 严禁利用建筑物钢筋或管道作焊机二次回路零线。

(F) 焊钳必须完好绝缘。

(G) 电焊机二次侧应装防触电装置。

3) 气焊用氧气瓶、乙炔瓶

(A) 气瓶储量应按有关规定加以限制,储存需有专用储存室,由专人管理。

(B) 吊运气瓶到高处作业时应专门制作笼具。

(C) 现场使用压缩气瓶严禁曝晒或油渍污染。

(D) 气焊操作人员应保证瓶距、火源之间距离在 10m 以上。

(E) 应为气焊人员提供乙炔瓶防止回火装置,防振胶圈应完整无缺。

(F) 应为冬季气焊作业提供预防气带子受冻设施,受冻气带子严禁用火烤。

4) 机械加工设备

(A) 机械加工设备的传动部位的安全防护罩、盖、板应齐全有效。

(B) 机械加工设备的卡具应安装牢固。

(C) 机械加工设备的操作人员的劳动防护用品按规定配备齐全,合理使用。

(D) 机械加工设备不许超规定范围使用。

(三) 安全检查与文明施工

安全检查是指对施工项目贯彻安全生产法律法规的情况、安全生产状况、劳动条件、事故隐患等所进行的检查。安全生产检查的主要内容包括：查思想，查制度，查机械设备，查安全设施，查安全教育培训、查操作行为，查防护用品使用、查伤亡事故处理等。安全生产检查的方法常用的有：深入现场实地观察、召开汇报会、座谈会、调查会以及个别访问，查阅安全生产记录等。

为了保证和促进建筑的安全施工，提高安全生产工作和文明施工的管理水平，预防伤亡事故的发生，确保职工的安全和健康，国家对安全生产和文明施工制定了有关的法律、法规、标准和规程，在某些方面还有强制性标准的规定。

本单元根据《建筑施工安全检查标准》(JGJ 59—99)、参照《建筑施工安全检查标准实施指南》，针对在钢筋工程施工中有关问题作一介绍。在建筑工地上，钢筋工要接触到电、脚手架、起重机械、钢筋加工机械与焊接机械，即使是短时间的接触和使用，都要注意安全防护。为了加强自我保护意识，必须了解上述机械和设施的安全要求标准知识。文明施工不仅是保证职工身心健康的措施，而且是达到安全施工的一项保证条件，三宝、四口的使用管理更是保障安全施工的重要措施之一。

1. 安全检查

在任何工程的施工方案和施工组织设计方案中，都必须有施工中涉及以下内容：即各种安全施工措施和文明管理的方法。

《建筑施工安全检查标准（JGJ 59—99)》（以下简称《标准》）规定了安全管理方面的检查内容及评分标准：

（1）安全生产责任制

1）公司、项目、班组应当建立安全生产责任制，施工现场主要检查：项目负责人、工长（施工员）、班组长等生产指挥系统及生产、技术、机械、材料、后勤等有关部门的职责分工和安全责任及其文字说明。

2）项目部对各级各部门安全生产责任制应定期考核，其考核结果及兑现情况应有记录，检查组对现场的实地检查作为评定责任制落实情况的依据。

3）项目独立承包的工程，在签订的承包合同中必须有安全生产的具体指标和要求。总分包单位在签订分包合同前，要检查分包单位的营业执照、企业资质证、安全资格证等，如果齐全才能签订分包合同和安全生产合同（协议）。分包单位的资质应与工程要求相符。在安全合同中应明确各自的安全职责，原则上实行总承包的由总承包单位负责，分包单位要向总承包单位负责，服从总承包单位对施工现场的安全管理。分包单位在其分包范围内建立施工现场的安全生产管理制度并组织实施。

4）项目的主要工种要有相应的安全操作规程，一般包括：砌筑、拌灰、混凝土、木工、钢筋、机械、电气焊、起重司信号指挥、塔司、架子、水暖、油漆等，特种作业应另作补充。安全技术操作应列为日常安全活动和安全教育、班前讲话的主要内容。安全操作规程应悬挂在操作岗位前，安全活动、安全教育、班前讲话应有记录。

5）施工现场应配备专职（兼职）安全员，一般工地至少应有1名，中型工地应设2～3名，大型工地应设专业安全管理组进行安全监督检查。

6）对工地管理人员的责任制考核，可由检查组随机考查，进行口试或简单笔试。

（2）目标管理

1）施工现场对安全工作应制定工作目标，包括：杜绝死亡、避免重伤和一般事故的控制目标；根据工程特点，按部位制定达标的具体目标；根据作业条件的要求，制定文明施工的具体方案和实现文明工地的目标。

2）对制定的安全管理目标，要根据责任目标要求，落实到人，对承担责任目标的责任人的执行情况要与经济挂钩，每月应有执行情况的考核记录和兑现记录。

(3) 施工组织设计

1) 所有施工项目在编制施工组织设计时应当根据工程特点制定相应的安全技术措施。安全技术措施要针对工程特点、施工工艺、作业条件、队伍素质等制定；还要按施工部位列出施工的危险点，对照各危险点的具体情况制定出具体的安全防护措施和作业注意事项。安全措施用料要纳入施工组织设计。安全技术措施必须经上级主管部门审批并经专业部门会签。

2) 对专业性强、危险性大的工程项目，应当编制专项安全施工组织设计，并采取相应的安全技术措施保证施工安全。

3) 安全技术措施必须结合工程特点和现场实际情况，不能与工程实际脱节。当施工方案发生变化时，安全技术措施也应重新修订并报批。

(4) 分部（分项）工程安全技术交底

1) 安全技术交底应在正式开始作业前进行，应有书面文字材料。交底后应履行签字手续，施工负责人、生产班组、现场安全员应各有一份。

2) 安全技术交底工作是施工负责人向施工作业人员进行职责落实的法律要求，要严肃认真地执行。交底内容不能过于简单，要将施工方案的要求，按全部分项工程针对作业条件的变化作细化的交待，要将操作者应注意的安全注意事项讲明。

(5) 安全检查

1) 施工现场应建立定期安全检查制度，生产指挥人员在指挥生产时，随时纠正、解决安全问题，但这种做法并不能替代正式的安全检查。

2) 由施工负责人组织有关人员和部门负责人，按照有关规范标准，对照安全技术措施提出的具体要求，进行定期检查，并对检查出的问题进行登记，对解决存在问题的人、时间、措施、落实情况进行记录登记。

3) 对上级检查中下达的重大隐患整改通知书要非常重视，对其中所列整改项目应如期整改，并且逐一记录。

(6) 安全教育

1) 对安全教育工作应建立定期的安全教育制度并认真执行，由专人负责。

2) 新人入厂必须经公司、项目、班组三级安全教育，公司要进行国家和地方有关安全生产的方针、政策、法规、标准、规范、规程和企业的安全规章制度等方面的安全教育。项目安全教育应包括：工地安全制度、施工现场环境、工程施工特点及可能存在的不安全因素等内容。

班组安全教育应包括本工种安全操作规程、事故范例解析、劳动纪律和班前岗位讲评等。

3) 工人变换工种，应先进行操作技能及安全操作知识的培训，考核合格后方可上岗操作。进行培训应有记录资料。

4) 对安全教育制度中定期教育执行情况应进行定期检查，考核结果记录，还要抽查岗位操作规程的掌握情况。

5) 企业安全人员、施工管理人员应按建设部的规定每年进行安全培训，考核合格后持证上岗。

(7) 班前安全活动

1) 班前安全活动（班前讲话）是针对本工种、班组专业特点和作业条件进行的行之有效的安全活动，应形成制度、坚持执行并对每次活动的内容有重点地做简单记录。

2) 班前安全活动不能以布置生产工作来代替安全活动内容。

(8) 特种作业持证上岗

1) 按照规定属于特殊作业的工种，应按照规定参加有关部门组织的培训，经考核合格持证上岗；当有效期满时应进行复试、换证或签证，否则便视为无证上岗。

2) 对特种作业人员，公司应有专人管理进行登记造册，记录合格证号码、年限，以便到期组织复试。

(9) 工伤事故处理

1) 施工现场凡发生事故无论是轻重伤、死亡或多人险肇事故均应如实进行登记，并按国家有关规定逐级上报。

2）发生的各类事故均应组织有关部门和人员进行调查并填写调查情况、处理结果的记录。重伤以上事故应按上级有关调查处理规定程序进行登记。无论何种事故发生均应配合上级调查组进行工作。

3）按规定建立符合要求的工伤事故档案，没有发生伤亡事故时，也应如实填写上级规定的月报表，按月向上级主管部门上报。

（10）安全标志

1）施工现场应针对作业条件悬挂符合《安全标志》（GB 2894—1996）的安全色标；另应绘制现场安全标志布置图，多层建筑标志不一致时可列表或绘制分层布置图。安全标志布置图应有绘制人签名并由项目经理审批。

2）安全标志应有专人管理；作业条件变化或损坏时，应及时更换；应有针对性地按施工部位悬挂，不可并排悬挂、流于形式。

上述各项在 JGJ 59—99 标准中均有各自的分数规定，检查不合格时按不合格项次进行扣分。详见表 8-1。

安全管理检查评分表 表 8-1

序号	检查项目		扣 分 标 准	应得分数	扣减分数	实得分数
1	保证项目	安全生产责任制	未建立安全责任制的扣10分 各级各部门未执行责任制的扣4～6分 经济承包中无安全生产指标的扣10分 未制定各工种安全技术操作规程的扣10分 未按规定配备专(兼)职安全员的扣10分 管理人员责任制考核不合格的扣5分	10		
2		目标管理	未制定安全管理目标(伤亡控制指标和安全达标、文明施工目标)的扣10分 未进行安全责任目标分解的扣10分 无责任目标考核规定的扣8分 考核办法未落实或落实不好的扣5分	10		

续表

序号	检查项目	扣分标准	应得分数	扣减分数	实得分数
3	施工组织设计	施工组织设计中无安全措施,扣10分 施工组织设计未经审批,扣10分 专业性较强的项目,未单独编制专项安全施工组织设计,扣8分 安全措施不全面,扣2~4分 安全措施无针对性,扣6~8分 安全措施未落实,扣8分	10		
4	分部(分项)工程安全技术交底	无书面安全技术交底扣10分 交底针对性不强扣4~6分 交底不全面扣4分 交底未履行签字手续扣2~4分	10		
5	保证项目 安全检查	无定期安全检查制度扣5分 安全检查无记录扣5分 检查出事故隐患整改做不到定人、定时间、定措施扣2~6分 对重大事故隐患整改通知书所列项目未如期完成扣5分	10		
6	安全教育	无安全教育制度扣10分 新入厂工人未进行三级安全教育扣10分 无具体安全教育内容扣6~8分 变换工种时未进行安全教育扣10分 每有一人不懂本工种安全技术操作规程扣2分 施工管理人员未按规定进行年度培训的扣5分 专职安全员未按规定进行年度培训考核或考核不合格的扣5分	10		
	小计		60		

续表

序号	检查项目		扣分标准	应得分数	扣减分数	实得分数
7	一般项目	班前安全活动	未建立班前安全活动制度,扣10分 班前安全活动无记录,扣2分	10		
8		特种作业持证上岗	一人未经培训从事特种作业,扣4分 一人未持操作证上岗,扣2分	10		
9		工伤事故处理	工伤事故未按规定报告,扣3~5分 工伤事故未按事故调查分析规定处理,扣10分 未建立工伤事故档案,扣4分	10		
10		安全标志	无现场安全标志布置总平面图,扣5分 现场未按安全标志总平面图设置安全标志的,扣5分	10		
		小计		40		
检查项目合计				100		

2. 文明施工措施

《标准》中规定了文明施工检查项目及其规定共11项,是对我们建设文明工地和文明班组的要求,各项规定在主管部门检查中均有其扣分标准。

(1) 现场围挡

1) 现场围挡按施工当地行政区域进行划分,市区主干道路段施工时,围挡高度不低于2.5m;一般路段施工时围挡高度不应低于1.8m。

2) 围挡应采用坚固、平稳、整洁、美观的硬质材料制作,或采用砌体装饰。禁止使用竹笆、彩条布、安全网等易损易变形的材料。

3) 围挡的设置必须沿工地周围连续设置,不得有缺口或局部不牢固的问题。

(2) 封闭管理

1) 施工工地应有固定的出入口,应设置大门、专职保卫人员和门卫管理制度。门卫人员应切实起到门卫作用。

2）为加强对出入人员的管理，规定出入施工现场人员都要佩戴胸卡以示证明。胸卡应佩戴整齐。

3）工地大门应有本企业的标志，如何设计可按本地区本单位的特点进行。

（3）施工现场

1）工地的路面应作硬化处理且应有干燥通畅的循环干道，不得在干道上堆放物料。

2）工地应有良好的排水设施，且应保持畅通，施工现场的管道不得有跑、冒、滴、漏或大面积积水现象存在。

3）工程施工中应作集水池统一处理施工所产生的废水、泥浆等。不得随意排放到下水道或排水河道及路面上。

4）工地应根据情况设置远离危险区的吸烟室或吸烟处，并设置必要的灭火器材。禁止在施工现场吸烟以防止火灾的发生。

5）工地要尽量做到绿化，特别是在市区主干道施工时更应做到。

（4）材料堆放

1）施工现场的料具及构件必须堆放在施工平面图规定的位置，按品种、分规格堆放并设置明显的规格、品种、名称标牌。

2）各种物料应堆放整齐、便于进料和取料，达到砖成丁，砂石成方，钢筋、木料、钢模板垫高堆齐，大型工具一端对齐。

3）作业区及建筑楼层内应做到活完、料净、现场清。凡拆下不用的模板等应立即运走，不能及时运走的要码放整齐。施工现场不同的垃圾应分类堆放处理。

4）易燃易爆物品不能混放，除现场设有集中存放处外，班组使用的零散的各种易燃易爆物品，必须按有关规定存放。

（5）现场住宿

1）施工现场的施工作业区与办公区及生活区应有明确的划分，有隔离和安全防护措施。在建工程不得作为宿舍，避免落物伤人及洞口和临边防护不严带来危险以及噪声影响休息等。

2) 寒冷地区应有保暖及防煤气措施,防止煤气中毒。炉火应统一设置,有专人管理及岗位责任。夏季应有防暑和防蚊措施,保证工人有充足睡眠。

3) 宿舍内床铺及生活用品应放置整齐,限定人数,有安全通道,门向外开。被褥叠放整齐、干净,室内无异味,室内照明低于 2.4m 时应采用不大于 36V 的安全电压照明,且不准在电线上晾衣服。

4) 宿舍周围环境卫生要保持良好,不准乱泼乱倒,应设污物桶、污水池。周围道路平整,排水通畅。

(6) 现场防火

1) 施工现场应根据施工作业条件订立消防制度或消防措施,并记录落实效果。

2) 按照不同作业条件和性质、及有关消防规定,按位置和数量设置合理而有效的灭火器材。对需定期更换的设备和药品要定期更换,对需注意防晒的要有防晒措施。

3) 当建筑物较高时,除应配置合理的消防器材外,尚需配备足够的消防水源和自救用水量,有足够扬程的高压水泵保证水压,层间均需设消防水源接口,管径应符合消防水带的要求。

4) 对于禁止明火作业的区域应建立明火审批制度,凡需明火作业的,必须经主管部门审批。作业时,应按规定设监护人员;作业后必须确认无火源危险时方可离开现场。

(7) 治安综合治理

1) 施工现场生活区内应当设置工人业余学习和娱乐场所,以丰富职工的业余生活,达到文化式的休息。

2) 治安保卫是直接关系到施工现场安全与否的重要工作,也是社会安定所必需,因此施工现场应建立治安保卫制度和责任分工,并由专人负责检查落实。对出现的问题应有记录,重大问题应上报。

(8) 施工现场标牌

1) 标牌是施工现场的重要标志。施工现场进口处要有整齐明显，符合本地区、本企业、本工程特点的，有针对性内容的五牌一图。即：工程概况牌、管理人员名单及监督电话牌、消防保卫牌、安全生产牌、文明施工牌、施工现场总平面图。

2) 为了随时提醒和宣传安全工作，施工现场的明显处应设置必要的安全标语。

3) 施工现场应设置读报栏、黑板报等宣传园地，丰富学习内容，表扬好人好事等。

(9) 生活设施

1) 施工现场应设置符合卫生要求的厕所，建筑物内和施工现场内不准随地大小便。高层建筑施工时，隔几层应设置移动式简易厕所且应设专人负责。

2) 施工现场职工食堂应符合有关的卫生要求。炊事员必须有防疫部门颁发的体检合格证；生熟分存；卫生要长期保持；定期检查并应有明确的卫生责任制和责任人。

3) 施工现场作业人员应能喝到符合卫生要求的白开水，有固定的盛水容器和专人管理。

4) 施工现场应按作业人员数量设置足够的淋浴设施，冬季应有暖气、热水，且应有管理制度和专人管理。

5) 生活垃圾应及时清理、集中运送入容器，不得与施工垃圾混放，并设专人管理。

(10) 保健急救

1) 较大工地应设医务室有专职医生值班。一般工地应有保健药箱及一般常用药品，并有医生巡回医疗。

2) 为紧急应对因意外造成的伤害等，施工现场应有经培训合格的急救人员及急救器材，以便及时处理和抢救。

3) 为保障作业人员的健康，应在流行病爆发季节及平时定期开展卫生防病的宣传教育。

(11) 社区服务

1) 施工现场应经常与社区联系，建立不扰民措施，针对施工工艺设置防尘、防噪音设施,做到噪声不超标(施工现场噪音规定不超过 85 分贝)。并应有责任人管理和检查,工作应有记录。

2)按当地规定允许施工时间施工。如果必须连续施工时,应有主管部门批准手续,并作好周围群众的工作。扣分标准见表 8-2。

文明施工检查评分表　　　　表 8-2

序号	检查项目		扣 分 标 准	应得分数	扣减分数	实得分数
1	保证项目	现场围挡	在市区主要路段的工地周围未设置高于 2.5m 的围挡扣 10 分 一般路段的工地周围未设置高于 1.8m 的围挡扣 10 分 围挡材料不坚固、不稳定、不整洁、不美观扣 5~7 分 围挡没有沿工地四周连续设置的扣 3~5 分	10		
2		封闭管理	施工现场进出口无大门的扣 3 分 无门卫和无门卫制度的扣 3 分 进入施工现场不佩戴工作卡的扣 3 分 门头未设置企业标志的扣 3 分	10		
3		施工场地	工地地面未做硬化处理的扣 5 分 道路不畅通的扣 5 分 无排水设施、排水不通畅的扣 4 分 无防止泥浆、污水、废水外流或堵塞下水道和排水河道措施的扣 3 分 工地有积水的扣 2 分 工地未设置吸烟处、随意吸烟的扣 2 分 温暖季节无绿化布置的扣 4 分	10		
4		材料堆放	建筑材料、构件、料具不按总平面布局堆放的扣 4 分 料堆未挂名称、品种、规格等标牌的扣 2 分 堆放不整齐的扣 3 分 未做到工完场地清的扣 3 分 建筑垃圾堆放不整齐、未标出名称、品种的扣 3 分 易燃易爆物品未分类存放的扣 4 分	10		

续表

序号	检查项目	扣 分 标 准	应得分数	扣减分数	实得分数
5	保证项目	现场住宿	在建工程兼作住宿的扣8分 施工作业区与办公、生活区不能明显划分的扣6分 宿舍无保暖和防煤气中毒措施的扣5分 宿舍无消暑和防蚊虫叮咬措施的扣3分 无床铺、生活用品放置不整齐的扣2分 宿舍周围环境不卫生、不安全的扣3分	10		
6		现场防火	无消防措施、制度或无灭火器材的扣10分 灭火器材配置不合理的扣5分 无消防水源(高层建筑)或不能满足消防要求的扣8分 无动火审批手续和动火监护的扣5分	10		
		小计		60		
7	一般项目	治安综合治理	生活区未给工人设置学习和娱乐场所的扣4分 未建立治安保卫制度的、责任未分解到人的扣3~5分 治安防范措施不力,常发生失盗事件的扣3~5分	8		
8		施工现场标牌	大门口处挂的五牌一图、内容不全,缺一项扣2分 标牌不规范、不整齐的,扣3分 无安全标语,扣5分 无宣传栏、读报栏、黑板报等,扣5分	8		
9		生活设施	厕所不符合卫生要求,扣4分 无厕所,随地大小便,扣8分 食堂不符合卫生要求,扣8分 无卫生责任制,扣5分 不能保证供应卫生饮水的,扣10分 无淋浴室或淋浴室不符合要求,扣5分 生活垃圾未及时清理,未装容器,无专人管理的,扣3~5分	8		

续表

序号	检查项目		扣 分 标 准	应得分数	扣减分数	实得分数
10	一般项目	保健急救	无保健医药箱的扣5分 无急救措施和急救器材的扣8分 无经培训的急救人员,扣4分 未开展卫生防病宣传教育的,扣4分	8		
11		社区服务	无防粉尘、防噪音措施扣5分 夜间未经许可施工的扣8分 现场焚烧有毒、有害物质的扣5分 未建立施工不扰民措施的扣5分	8		
		小计		40		
检查项目合计				100		

3. 钢筋工程的分项标准规定

钢筋工程施工除应遵守上述安全管理及文明施工标准外,还要遵守特定的标准规定。下面介绍标准规定中有关钢筋机械、电焊机、气瓶的安全检查标准,与架空电线(不拆迁的高压电线)的安全距离的规定,脚手架荷载中堆料的规定等。

(1) 钢筋机械

1) 设备进场应经有关部门组织进行检查验收,并记录存在问题及改正结果,确认合格。

2) 按照电气安装规定,设备外壳必须有保护接零(接地)开关箱,内设 30mA/0.1s 的漏电保护器。

3) 明露的机械传动部位必须有牢固适用的防护罩。

4) 冷拉现场应设置警戒区,设置防护栏杆及标志。冷拉作业区应有明显的限位指示标记,卷扬机钢丝绳应经封闭式导向滑轮与被拉钢筋成直角。

5) 对焊作业要有防止火花烫伤的措施,以防止作业人员及路人烫伤。

(2) 电焊机

1) 电焊机进场应经有关部门组织进行检查验收、并记录存在问题及改正结果，确认合格。

2) 按照电气安装规定，设备外壳应作保护接零（接地），开关箱内设漏电保护器。

3) 电焊机二次线侧必须加装空载降压保护装置或防触电保护装置；电焊工应穿绝缘鞋，戴绝缘手套方可操作。

4) 电焊机一次线长度不得超过 2~3m 且应穿管保护。二次线（焊把线）不应超过 30m 且不准有超过三个的接头及外皮老化。

5) 用电规范规定，容量大于 5.5kW 的动力电路应采用自动开关电器。电焊机一般容量较大，不应采用手动开关。

6) 露天使用的电焊机应设置在较高平整的地面上并有防雨措施。

（3）工业用气瓶

1) 各种气瓶的标准色不同：氧气瓶为天蓝色上写黑字，乙炔瓶为白色上写红字，氢气瓶为绿色上写红字，液化石油气瓶为银灰色上写红字。不同类气瓶应隔开不小于 5m 的距离，且与明火应有不少于 10m 的距离。不能满足安全距离要求时，应有保证安全存放或使用的隔离防护措施。

2) 乙炔瓶不得平放。由于乙炔瓶瓶体温度不准超过 40℃，故夏季应防曝晒。冬季用温水解冻。

3) 气瓶在施工现场应设集中存放处，不同类气瓶的存放应有隔离措施，应有安全规定和措施。班组使用过程中存放时，不得选择宿舍区和靠近油料、火源的地方，存放区应有灭火器材。

4) 气瓶使用中，应保护好瓶外防震圈和瓶帽，以免在运输中发生危险；不可一车装两种气瓶。

（4）外电防护

当钢筋安装工程必须在架空线路一侧施工时，必须按标准中的安全距离进行操作或吊装。施工用电规范中规定的最小安全距离如表 8-3。

最小安全距离表　　　　　　　　表 8-3

外电线路电压	1kV 以下	1～10kV	35～110kV
最小安全操作距离	4m	6m	8m

（5）脚手架卸料平台荷载

钢筋安装工作中存在着在脚手架上卸料倒运安装的问题，因此了解脚手架对卸料平台的要求是必要的。

落地式脚手架的卸料平台及门型脚手架的施工荷载一般按 $3kN/m^2$ 设计，因此存料不宜过多，且应分散存放。当工程需要时，对脚手架卸料平台当按特殊要求进行设计。

（6）三宝、四口

三宝是指：安全帽、安全带、安全网；四口是指楼梯口、电梯井口、预留洞口、通道口。在工程施工中，进入施工现场必须戴符合安全规定的安全帽；高空高架作业时，必须佩戴符合要求的安全带，这是每个施工人员必须佩戴的自保安全用品。根据规定悬挂安全网，在四口设置防护措施，则是工地应有专人管理的项目。当然，每个人都需对这些设施进行保护和管理，这样做能够保护自己和他人不受伤害。

4. 注意事项

施工人员在使用钢筋机械时，除了遵守上述规定外，还应按照机械的保养要求对机械进行维护，以确保其安全性，延长寿命。

九、施工预算基础知识

（一）定　　额

1. 定额的基本概念

建筑工程定额，是建筑工程企业从事生产活动时，在人力、物力和财力消耗上，所必须遵循的数据标准。由国家颁发的定额，是具有法令性的指标，不得任意修改。

人力、物力和财力等资源的消耗量，是随着施工对象、施工方式和施工条件等因素的不同而不同的。而定额是在多数施工情况和正常施工条件下，完成一定量的合格产品或一定工作所必须的人力、物力和财力消耗的标准数据。

一定时期的定额，反映一定时期的施工机械化和构件工厂化程度以及工艺、材料等建筑技术发展水平。随着建筑生产事业的不断发展，各种资源的消耗量势必有所降低，生产率将会有所提高。这时，就需要制定符合新生产技术水平情况的定额或补充定额。因此，定额并不是一成不变的。但是在一定时期内，又必须是相对稳定的。

2. 定额的分类

建筑工程定额的内容和形式是由建筑企业的施工生产需要决定的。因此，种类的划分也是多样的。这里介绍常见的四种分类方法。

（1）按生产因素分类，可分为三种：劳动定额（即人工定额);材料消耗定额;机械设备定额(即机械台班使用定额)。

劳动定额又可分为时间定额和产量定额。

机械设备定额又可分为机械时间定额和机械产量定额。

(2) 按定额的编制程序和用途可分为五种:工序定额、施工定额、预算定额、概算定额和概算指标。

(3) 按制定单位和执行范围分为全国统一定额和地区统一定额。

(4) 按适用专业分类时,可分为建筑安装工程定额;设备安装定额;给排水工程定额;公路工程定额;铁路工程定额和井巷工程定额等。

3. 劳动定额

(1) 劳动定额

劳动定额也称人工定额,它是在正常施工技术组织条件下,完成单位合格产品所必须的劳动消耗量的标准。这个标准是国家和企业对工人在单位时间内的产品数量、质量的综合要求。

劳动定额分时间定额和产量定额。

(2) 时间定额和产量定额

时间定额是指在正常施工条件下,某个工种、某种技术等级的班组或个人,完成符合质量要求的单位产品所必须的工作时间(它包括准备与结束时间,基本工作时间,辅助工作时间),不可避免的中断时间和必须的休息时间。但不包括损失时间。

时间定额以工日为单位,按现行制度每八小时为一工日,计算方法是:

$$\text{单位产品的时间定额(工日)} = \frac{1}{\text{每工产量}} \quad (9-1)$$

或

$$\text{单位产品的时间定额(工日)} = \frac{\text{小组成员工日总和}}{\text{台班产量}} \quad (9-2)$$

产量定额是指在正常施工条件下，某个工种、某种技术等级的班组或个人在单位时间内应完成的符合质量要求的产品数量。计算方法是：

$$每工产量 = \frac{1}{单位产品时间定额}（工日） \qquad (9-3)$$

或

$$台班产量 = \frac{小组成员工日总和}{单位产品时间定额}（工日） \qquad (9-4)$$

时间定额与产量定额互为倒数，即：时间定额×产量定额=1。

由于定额标定对象不同，劳动定额又分单项工序时间定额和综合定额。

综合时间定额(工日)=各单项(工序)时间定额的总和。

$$综合产量定额 = \frac{1}{综合时间定额}（工日） \qquad (9-5)$$

钢筋工程预算定额基本执行综合定额，但在生产中则应执行工序定额。因其预算定额的工作内容中包括：拉直、下料、弯曲、焊接、绑扎及现场运输，也就是钢筋工程的全过程。

（二）钢筋工程成本核算的依据

1. 工程量计算依据

要进行成本核算，首先要计算出工程量，工程量的计算有一定的规定和方法。工程量计算的依据是：

（1）建筑结构施工图和施工说明书；
（2）结构施工图中的构件配筋图（表）；
（3）施工组织设计（施工方案）；
（4）设计变更通知单；
（5）工程量计算规则和方法；

(6) 施工定额。

2. 施工质量依据

(1) 国家颁发的施工及验收规范、规程，以及建筑工程施工质量验收统一标准；

(2) 建筑安装工人安全技术操作规程；

(3) 各省、市颁发的质量管理办法。

3. 劳动组织及技术根据

(1) 劳动定额中质量、安全及工作内容等要求；

(2) 建筑工人《建设行业职业技能标准》和《职业技能岗位鉴定规范》；

(3) 各省、市、企业补充的有关文件。

（三）钢筋工程成本计算方法

1. 钢筋工程成本核算的内容

(1) 工程量计算

按施工结构图和变更图变更说明等设计资料计算出预制构件或单位工程的钢筋实际需要量，加上需要的搭接长度和不同钢筋钢材的允许损耗量，即为钢筋工程的工程总量。

(2) 劳动定额和人工量计算

用各种不同直径、级别、种类的钢筋加工安装劳动定额除各种钢筋的总量得到各自的人工用量，再相加得所需人工总数。

(3) 机械台班

在使用机械加工不同的钢筋时，有不同的台班产量定额。根据各种机械加工不同钢筋时的台班定额除各种不同钢筋的总量，即为各种加工机械的用量，各用量相加得机械需用总台班量。

2. 钢筋工程成本计算方法

用计算出的钢筋总量乘以其价格,及所需各种辅助材料的单价再乘其各自用量即得出材料总价。人工预算单价乘以所需人工的总量得出人工费总额。

机械台班各种机械的台班费乘其各自使用台班数即得机械费总额。

材料总价、人工费总额与机械费总额相加,就等于钢筋工程成本。

3. 关于钢筋工程量的几点说明

(1) 计算工程量时对不同品种、直径的钢筋应分别计算其工程量;对图中未表示出弯钩的Ⅰ级光圆钢筋应按需要增加弯钩长度后再计算其工程量:180°钩增加 $6.25d$,135°钩增加 $4.9d$,90°钩增加 $3.5d$(以上均为一个弯钩长度,d 为钢筋的直径)。螺纹钢筋不作弯钩。工程量的工作内容包括制作、绑扎、点焊和安装,按钢筋的重量计算。

(2) 预应力钢筋的工程量包括:先张法预应力筋的制作、张拉、放张、切断;后张法预应力筋包括制作、张拉、灌浆、穿束。

(3) 预应力筋(束)的重量=预应力筋(束)的长度×每米预应力筋(束)的重量。

(4) 先张法预应力筋的长度按构件外形长度计算;后张法预应力筋的长度按构件外型长度加或减各种预应力筋的工作长度。一般规定如下:

1) 低合金钢筋采用螺丝端杆锚具时,其计算长度按管道长度减 0.35m,螺丝端杆计在内。

2) 低合金钢筋一端采用镦头插片,一端采用螺丝端杆锚具时按管道全长计算。当一端采用镦头插片,另一端采用帮条锚具时,按孔道长度增加 0.15m 计算,两端均采用帮条锚具时,按孔道长增加 0.3m。当采用后张混凝土自锚时则按孔道长增加 0.35m 计算。

3）钢丝或钢绞线束在一端锚固、一端张拉时按管道长度增加 1m 计算；两端张拉时按增加 1.8m 计算。

4）碳素钢丝采用两端镦头时按管道长度增加 0.35m 计算。

4. 其他规定

(1) 钢筋混凝土构件预埋铁件按其重量计算工程量。

(2) 电渣压力焊接，套筒挤压连接按其接头个数计算工程量。

(3) 成型钢筋运输的工程量按成型重量计算。不同运输车辆及运距（装、卸货地中心最短距离）应分别计算其工程量。

5. 人工费计算

人工费是指各种不同级别、直径的钢筋在钢筋工程全过程中不同的用工量乘以工日工资得出的金额总数。用工量则根据不同级别、直径钢筋按不同的劳动定额计算出来。因为各地的水文地质气候条件不同，由地区差别造成的工资差别也较大，所以各地区甚至各企业会根据国家有关规定，制订不同的劳动定额和工资分配制度。故而无法以具体数字型的表格进行形象化的解释。但其基本概念化的做法是一致的。

根据单位工程中各种不同规格、级别、直径的钢筋总量分别除以各自的综合产量定额再乘以日工资即为该种钢筋的人工费总额，各总额相加得出单位工程中钢筋工程的全部人工费总额。

6. 机械费的计算

钢筋工程的机械费用只考虑长期使用的机械设备，如：冷拉、冷拔机械，切断机，弯曲机，点焊机，电焊机，对焊机，预应力张拉机械等；不考虑在钢筋安装时临时需用的起重机械。但对由加工厂到施工现场的半成品、成品运输费应考虑在内。在钢筋工程施工中所使用的各种机械均有本地区本企业规定的台班费，在预算定额中也有不同的台班定额。

机械使用也有其时间定额和台班产量定额。时间定额是指在合理的劳动组织和合理使用机械条件下，某种机械完成单位产品所必须的工作时间。

$$单位产品的机械时间定额 = \frac{1}{台班产量} \qquad (9-6)$$

机械产量定额是指在合理组织和合理使用机械条件下，机械每个台班应完成的合格产品的数量。

$$机械台班产量定额 = \frac{1}{机械时间定额（台班）} \qquad (9-7)$$

机械产量定额与时间定额互为倒数。计算时，首先根据不同品种钢筋和设计结构要求形式选择加工机械；然后用要加工的钢筋总量除以对应的机械加工台班产量得到不同机械的总台班数；再乘以台班价格并相加即得总机械费用。举例说明如下：假设某工程计算Φ12和Φ16钢筋分别为230t和180t。其中切断需用切断机的为Φ12＝200t，Φ16的为170t，需要弯曲的Φ12为190t，Φ16为150t，切断机的产量定额设为8t/台班，弯曲机的产量设为3t/台班，而机械台班费设切断机为20元/台班，弯曲机为40元/台班。计算为：总切断量200t＋170t＝370t，总弯曲量为190t＋150t＝340t，370t÷8t/台班＝46.25台班，46.25台班×20元/台班＝925元。即Φ12和Φ16需切断的部分为370t，切断机所用机械费为925元。同法计算弯曲机的机械费：340t÷3t/台班×40元/台班＝113.33台班×40元/台班＝4533.33元。两个费用相加即为该工程Φ12和Φ16两种钢筋在加工中所用机械费。那么未经配断和弯曲的部分则为不需加工的部分，只需在绑扎中计算人工费即可。

7. 注意事项

（1）审核施工图时对设计图中未给搭接长度的长钢筋一定要

按长度计算出搭接总长度并计入总工程量内。

(2) 对单一的钢筋工程承包,工程队或项目部不承担起重设备费用时,所使用的起重机械费用亦应计入机械费内。

(3) 所有计算费用应尽量合理,并得到建设单位和监理单位的认可。

(4) 当未按预算定额计算人工费和机械费、而只按劳动定额和机械定额考虑计算费用时,应对不可抗拒因素造成的停工和待机时间有详尽的记录,并应由施工队或项目部的签字认可。

(5) 劳动定额是按合格产品计算的,对因操作不慎或不负责任造成的返工应包含在按劳动定额计算的工日内自负。

(6) 对在工程施工过程中产生的设计变更或变更说明改变了设计或增加了的钢筋,应及时按变更图或说明计算出成本额,且把造成的浪费部分计入,一并划入到钢筋工程成本中;并报建设单位(业主项目经理部)和监理组认可。

十、施 工 方 案

（一）施工方案编制的作用和基本原则

1. 施工方案编制的作用

施工方案就是简化了的施工组织设计。它是建设项目进行施工准备，规划和指导工程项目全部施工活动的全面性的技术经济文件。它是从施工全局出发，根据工期、质量、造价三大目标要求和材料、构配件、机械设备及劳动力供应情况，以及协作单位的施工配合和现场条件合理地进行优化并周密地规划布置，以便预计施工过程中的各种需求和变化，做好事先准备，以最少的资源消耗完成优质的建筑产品的依据。其主要作用有：

（1）确定施工设计方案的施工可能性和经济合理性。

（2）为建设单位安排基本建设计划和资金筹措计划提供依据。

（3）为施工单位安排建筑安装工程计划提供依据。

（4）为组织物资技术供应提供依据。

（5）及时进行施工准备。

（6）协调施工过程中发生的问题。

2. 施工方案编制的基本原则

（1）确定施工顺序

1）基础工程一般施工顺序详见图 10-1。

2）混凝土柱子一般分为现浇柱和预制柱两种，现浇柱一般

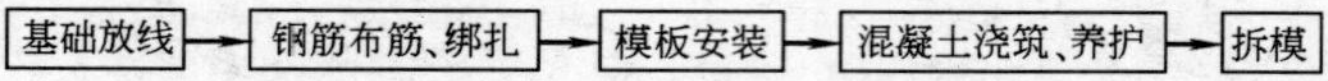

基础放线
钢筋布筋、绑扎
模板安装
混凝土浇筑、养护
拆模

图 10-1　基础工程一般施工顺序

施工顺序详见图 10-2，预制柱一般施工顺序详见图 10-3。

放线
钢筋安装
模板安装
混凝土浇筑、养护
拆模
柱间支撑定位

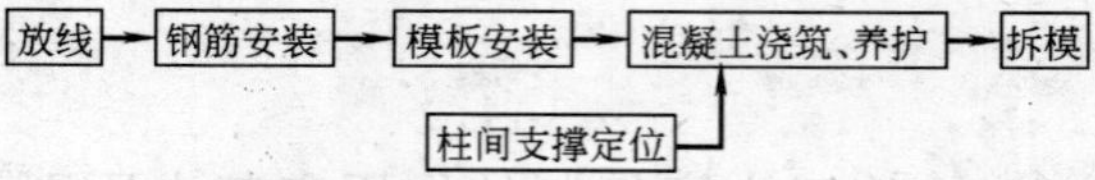

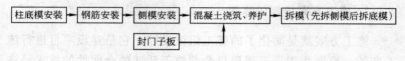

图 10-2　现浇柱一般施工顺序

柱底模安装
钢筋安装
侧模安装
混凝土浇筑、养护
拆模（先拆侧模后拆底模）
封门子板

图 10-3　预制柱一般施工顺序

3）混凝土梁施工顺序详见图 10-4。

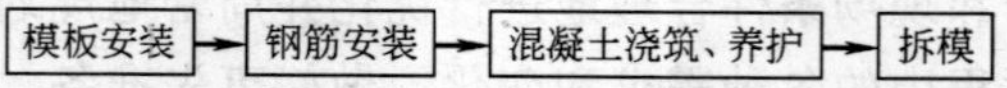

模板安装
钢筋安装
混凝土浇筑、养护
拆模

图 10-4　混凝土梁施工顺序

4）混凝土板的施工顺序详见图 10-5。

模板安装
钢筋放线、布筋
钢筋绑扎
混凝土浇筑、养护
拆模

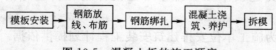

图 10-5　混凝土板的施工顺序

5）钢筋混凝土框架的施工顺序：

在同一施工面上；一般先施工框架柱；后施工梁；但采用泵送混凝土时，框架柱、梁宜同时浇筑。

（2）合理安排施工顺序

在组织钢筋工程施工时，不但要考虑各工种、工序自身的施工顺序，还要安排好工种、工序间的搭接、交叉施工。

（3）合理安排冬、雨期施工

组织施工尽量不安排在冬、雨期进行；如无法避免，须采取相应措施。

（4）提高施工的机械化程序

尽量利用机械设备代替手工劳动，提高生产效率。

（5）保质保量、安全施工、提高效益

在保证质量和安全的前提下，减少成本支出，切实提高经济效益。

（二）施工方案编制的内容和要求

1. 施工方案的种类

根据建设项目规模的大小和施工工艺的繁简划分。施工方案大致有以下四种类型：

（1）以群体工程为对象，建设规模较大的大、中型项目，应编制施工组织总设计和单位工程的施工组织设计。

（2）小型建设项目、单项工程、技术复杂的或采用新技术的单位工程，一般应编制单位工程的施工组织设计。

（3）工期较短、结构简单的一般工业与民用建筑，或大中型建设项目的分部、分项工程，应编制施工方案。

（4）施工难度较大或技术要求复杂的分部、分项工程，应根据工程特点和实际需要，编制专门的施工方案和作业方案。

2. 施工方案的编制内容

施工方案的内容一般包括以下几点：

（1）工程概况　主要介绍工程的特点，如建筑面积、结构形式、建筑层数、层高及总高、建筑长宽尺寸、工程造价等。还应介绍施工条件，如三通一平情况，开、竣工时间，材料及构配件供应情况，机械设备、运输、劳动力和企业管理等情况。

（2）施工方法选择和技术安全措施　施工方法选择是施工方

案的核心。一般先根据总工程量、工期、施工单位的技术装备水平，拟定几个可行的施工方法，然后从中进行分析比较，选用最优方案。对于由工期决定的分部、分项工程和技术、工艺比较复杂的工程或工人对操作不太熟悉的工程，还应写出具体的施工方法和质量保证措施，以及技术安全措施。

（3）确定施工顺序 为了保证工程有节奏、有秩序地进行，应根据建设项目的工程特点，把建筑的分部、分项工程划分为若干个施工层和施工段，按照一定的施工顺序连续地进行作业。

（4）制定施工进度计划 对建筑的各分部、分项工程的开始时间和结束时间作出具体、明确的日程安排。

（5）制定材料、构配件、施工机具的需用量计划 该计划与施工进度计划密切配合，反映出何时应提供何种材料和构配件，以及不同时期所需的机械设备。

（6）劳动力需用计划 它能使施工管理人员及时了解劳动力需求及供应情况，根据实际需要在各工种间进行协调。

（7）施工现场的平面布置图 它是文明施工、合理安排和科学使用施工场地的必要措施。一般包括有：施工现场范围内已有的地上、地下建筑物及构筑物的位置和尺寸，拟建建筑物的位置和尺寸，为施工提供服务的一切临时设施、建筑材料及构配件堆放场地的地理位置和尺寸，临时供水、供电网的布置等。

3. 本工种施工方案的编制内容及要求

（1）钢筋加工

1）调直：主要指钢筋卸料、拆捆、调直、分类堆放、标识等内容。

2）切断：主要指钢筋定尺、下料、截断、分类堆放、标识等内容。

3）弯折：主要指钢筋放样、划线、弯曲、分类堆放、标识等内容。

（2）钢筋绑扎

1）清理模板。
2）放线、钢筋布筋、绑扎、调整间距、放置垫块。
3）浇筑混凝土过程中，钢筋位置、间距、接头质量的保证措施。
4）钢筋成品、半成品的水平和垂直运输。
（3）钢筋焊接或机械连接
1）确定适用机械设备。
2）确保现场电线电路、电源、电箱满足安全、使用要求。
3）钢筋下料、焊接、机械连接。
4）焊接、机械连接接头质量检验。
5）钢筋原材、成品、半成品的水平和垂直运输。

（三）施工方案的审核

施工方案的编制包括施工组织设计、施工方法、施工进度计划和工程预算几部分内容。

单位工程施工组织设计的编制应概括工程规模和复杂程度，应根据建设单位和设计单位的意图和要求，资源配置情况，建筑环境，场地条件及地质、气象资料，国家有关法律、法规及规程，规范的要求等条件，编制出指导施工方案的进度计划，以保证质量安全和冬雨季施工的措施及工程预算的编制。

施工方案应根据施工组织设计的要求编制出施工方法、机械选择、施工流向、施工顺序；根据工期的要求编制工、料、机的进场计划和使用时间；以指导工程预算的编制，质量、安全措施，设施的保证，施工前期的准备。

参 考 文 献

1. 建筑施工手册（第四版）编写组. 建筑施工手册. 第四版. 北京：中国建筑工业出版社，2003
2. 高琼英主编. 建筑材料. 武汉：武汉理工大学出版社，2002
3. 郭继武，郭瑶主编. 建筑结构. 北京：清华大学出版社，2003
4. 李前程，安学敏主编. 建筑力学. 北京：中国建筑工业出版社，1998
5. 罗向荣主编. 建筑结构. 北京：中国环境科学出版社，2003
6. 中国建设监理协会组织编写. 建设工程进度控制. 北京：中国建筑工业出版社，2003
7. 全国建筑业企业项目经理培训教材编写委员会. 施工项目质量与安全管理. 北京：中国建筑工业出版社，2002
8. 中国建筑业协会、清华大学、中国建筑工程总公司合编. 房屋建筑工程施工. 北京：中国建筑工业出版社，2004
9. 任继良，张福成，田林主编. 建筑施工技术. 北京：清华大学出版社，2002
10. 廖代广主编. 建筑施工技术. 武汉：武汉理工大学出版社，2001
11. 中国建设教育协会组织编写. 建筑施工技术. 北京：中国建筑工业出版社，2000
12. 中国建筑工程总公司主编. 混凝土结构工程施工工艺标准. 北京：中国建筑工业出版社，2003
13. 建设部人事教育司组织编写. 钢筋工. 北京：中国建筑工业出版社，2003
14. 劳动和社会保障部组织编写. 钢筋工. 北京：中国城市出版社，2003
15. 杨金铎，房志勇主编. 房屋建筑构造. 北京：中国建材工业出版社，2000
16. 梁玉成主编. 建筑识图. 北京：中国环境科学出版社，2002
17. 建筑专业职业技能鉴定教材编审委员会. 瓦工. 北京：中国劳动社会保障出版社，1999